修养六官的幸福书

杨 丹◎著

北京航空航天大学出版社
BEIHANG UNIVERSITY PRESS

图书在版编目(CIP)数据

修养六官的幸福书 / 杨丹著. --北京：北京航空航天大学出版社，2011.9
ISBN 978-7-5124-0575-2

Ⅰ.①修… Ⅱ.①杨… Ⅲ.①个人-修养-通俗读物 Ⅳ.①B825-49

中国版本图书馆 CIP 数据核字(2011)第169185号

修养六官的幸福书
杨　丹　著
责任编辑　王　律
*
北京航空航天大学出版社出版发行
北京市海淀区学院路 37 号(邮编 100191)　http://www.buaapress.com.cn
发行部电话：(010)82317024　传真：(010)82328026
读者信箱：bhpress@263.net　邮购电话：(010)82316936
三河市汇鑫印务有限公司印装　各地书店经销
*
开本：700×960　1/16　印张：13　字数：220 千字
2011 年 9 月第 1 版　2011 年 9 月第 1 次印刷
ISBN 978-7-5124-0575-2　定价：28.00 元

序　言

世界上最令人欣喜的语句莫过于“我成功了！”婚姻、升学、事业、战胜病魔……几乎每个人都在为之而努力着。但成功者却寥寥无几，尤其是事业上的成功，更是难上加难。

不过虽然难，但仍然有少数人成功了，甚至年纪轻轻就拥有了令人羡慕的辉煌事业。而有些人却一辈子平庸，到头来一事无成。究竟，那些碌碌无为的人距离成功都少了些什么？

也许是资金限制了你的行动，也许是机遇还没有降临，也许是家庭阻碍了你的前进道路，也许是你的口才不够出色，也许是你的人脉不够丰富。

当然，成功需要综合性的素养，也需要很多客观条件。但人们却往往忽略了一个最根本的东西，那就是身体这个革命的“本钱”。

你可能还没有意识到，自己的身体已经出现了一些问题，虽然并非迫不及待地需要治疗，但却影响了你的情绪、心态、胆识、智慧、毅力、胸襟，甚至人生观。正是这一点，让你在成功的道路上裹足不前，让你在重大抉择上犹豫不决，让你由于情绪失控或心态消极而与机遇擦肩而过。

那么究竟是哪里出现了问题呢？距离成功，还需要做出哪些努力呢？

在这一点上，中医是世界上最早注意身体状况与情志（精神状态）关系研究的学科。它将所有的疾病因素分为两大类：内因和外因。所谓内因就是指七情，包括喜、怒、忧、思、悲、恐、惊。每个人都曾有这样的经历：当自己生气、愤怒、悲伤或焦虑时，就会感到浑身不适，严重时甚至一病不起。

几千年来，中医总结出了情志对身体健康的影响规律，反过来也发现了身体状况对于精神状态的影响。也就是说，如果身体某方面出现了问题，那么精神状态也会受到影响。比如患有严重胃病或肝病的人总是脾气暴躁；患有严重肺病的人大都郁郁寡欢；肾虚的人总是处于惊恐和杞人忧天之中；心脏不好的人大多无欲无求……

近年来，西方医学对这个问题也开始重视起来，并提出了“21世纪对人类健康危害严重的疾病是心理疾病”这一理念。

可以说，身体状况直接影响着人的精神状态，从而成为成功的重大障碍。如果忽视了身体状况与成功的这种联系，那么未来的道路又怎么会走得顺畅呢？

当然，知道了这个根本性的原因还远远不够。如果不从各个方面多多修炼自己，让自己的性格、涵养、心态、气度、胆识、毅力、智慧都达到最佳的状态，那么成功依然会遥遥无期。

本书的立意正是从内外两个方面入手，让你能够认识到自己的真正“短板”，以内养外，以外养内，彻底排除阻止你成功的一切障碍。相信只要你的身心都做好了充足的准备，成功早晚是属于你的！

本书要特别感谢牛泽海、戚嘉富、杨琦、艾建伟、张杰等对本书中医方面的指点，以及王桂兰、赵国胜、杨瑞田、刘宝荣等对资料的整理。

目录

Contents

第三篇 养肺——开阔胸襟

第四篇 养肾——增加胆识

第五篇 养脾胃——修炼毅力

第一篇

养心——培养心态

- 以内养外：心是需要养的
- 冲破你内心的厚茧
- 停止你的抱怨
- 真正看清自我
- 分解自己的目标
- 搭建信念的平台
- 有时候，你需要改变自己
- 欲望无止境
- 别让贫穷压垮自己
- 适时地放弃

以内养外：心是需要养的

心是人体脏腑中最为重要的器官，中医称之为“君主之官”。中医里的“心”，并不等同于现代解剖学上的心脏，而是一种形、气、神的综合体。

何谓“养心”？这里所说的“养心”，并不是指养护心脏，而是指修身养性，调控好你的心态，包括人生观、感情、情绪、意念等。人的心态需要保持平和，就像人的体温必须保持正常一样。

心主神明

心与一个人的性情和心态又有什么系呢？其实很简单，中医认为，“心主神明”，“神明”用现代科学解释就是指高级中枢神经机能活动。这里引用《列子·汤问》里“神医”扁鹊为别人换心的故事来阐述。

战国时期，鲁国的公扈和赵国的齐婴生了病，找扁鹊为他们诊治。很快，二人的病治好了，可是扁鹊却发现了他们身上另一种“病”的存在。

于是，扁鹊对他们说："你们的病虽然治好了，但如果不改变另一件事，你们将来会更痛苦。公扈的心志强而气魄弱，所以遇事总是谋虑有余，而决断不足；齐婴恰恰相反，心志弱而气魄强，因而处事时思谋不足，却常常武断。如果能把你们的心互换，就能使心志与气魄的强弱相协调。如此一来，你们今后做事就会妥善多了。"

两个人接受了扁鹊的建议，互换了心。换心后，公扈和齐婴性情大变，一个人不再那么急躁了，一个人不再优柔寡断了，甚至常常走错到对方的家中。

虽然这则故事是虚构的，但却是"心主神明"一个很好的解释。正是由于"心主神明"，所以二人的心互换后，性情、思维和人生观统统改变了。

近几年来，现代医学研究初步证明，心脏的确参与了机体的神经和内分泌的调节机制，因而与人的性情有很大关系。

为何要"养心"

有些人过分怀旧，终日沉浸在美好的回忆里，对眼前的美好丝毫不为所动；

有些人盲目攀比，总是觉得自己付出的太多，得到的太少，什么事都不如别人，因而整天闷闷不乐、心情压抑；

有些人遇事消极，认为自己已经被社会所漠视，甚至抛弃，以至于心灰意懒，颓废消沉；

还有些人贪得无厌，总是觉得只有聚敛更多的财物，才能使心里不空虚，以至于违法乱纪……

为什么会这样？关键就在于心态不平和。为什么会心态不平和，因为你的"心"没有得到很好的养护。

事实上，人人都知道遇事要积极乐观，人人都知道一味地抱怨没有任何意义，人人都知道要想成功，就不能在乎眼前的小利益……可是，你会发现自己总是办不到。遇到困难时，虽然你很想积极地面对，可是口中却仍是不停地抱怨，内心仍然不由自主地陷入消沉。

很多人将其归咎于性格，其实并非如此。你也许应该反思一下，会不会是自己的“心”出现了问题？你又有多久没养护它了呢？或者你养护过自己的“心”吗？改变一定是要从内而外的。如果内在出现了问题，人的外在表现又怎么会理想？

故宫里有一座“养心殿”，就是专门让皇帝养“心”的地方，可见古人对此是多么重视。皇帝想要统治好国家，就一定要不断地修身养性，净化心灵，否则江山就不会稳固；普通人也一样，想要成功，就学学勤奋的皇帝，时时刻刻记得养“心”。

养心并不是一朝一夕能完成的，需要专心致志，持之以恒。那么，“心”究竟要如何养呢？其实，养心包括生活中的方方面面，比如经常与人交谈和交往，体会到自己是社会中的一员；比如种花、养鱼，下棋、书画等，以此陶冶性情。具体如何来养好“心”，将在下面的章节详细阐述。

冲破内心的厚茧

每个人都生活在社会当中，被道德、法律、规则、情感等很多东西所束缚着；也正是有了这些约束，人们才能正常地生活。然而，行为需要约束，内心却不应该被捆绑住。

当我们的内心被很多负面情绪所捆绑的时候，就一定要冲破内心的厚茧，选择积极。当然了，这是不容易做到的。要想拥有阳光的心态，需要不断地磨砺。

不以苦难为借口

有许多人都把自己没能成功归咎于命运的不公平，认为成功的人都是幸运的。其实，这种心态恰恰是他们无法收获成就的主要原因。因为他们把苦难当成了自己失败和碌碌无为的借口，总是无法跨越过去。

李嘉诚是中国无人不知的商业巨头，但他的成就却跟幸运拉不上关系。

在李嘉诚很小的时候，父亲就染上了重病，一家人生活相当清贫。两顿稀饭，再加上母亲去集贸市场捡来的菜叶子，便是一天的“美食”。

不久，父亲去世了。临终前，他哽咽着对李嘉诚说：“儿子，这个家从此就只有靠你了，你要把它维持下去啊！”就这样，父亲没有给李嘉诚留下一分钱，只留给他一副家庭的重担就离开了人世。

李嘉诚在回忆自己的事业道路时说：“生活的贫困迫使我孕育了一股强烈的斗志，就是要赚钱。可以说，我拼命创业的原动力就是随着环境的变迁而来的。当我14岁的时候，父亲去世，我要肩负家庭的重担，因为我是长子，而父亲并没有留下什么给我们，所以读书是绝对没有可能了，赚钱是迫在眉睫的事。在接下来进入社会开始工作的日子里，我有韧性，能吃苦，因为我不计较个人得失，只是努力工作，努力向上，再加上忠诚可靠，因此一路进步，薪金也一路增加……”

“人无远虑，必有近忧”。没有人能风平浪静地度过一生，每个人的人生中都充满苦难，也正是在苦难中成长起来的。只不过，有人能善待苦难，于是能够忍受苦难，超越苦难，最终成为人们羡慕的成功者。

在逆境中寻找向上的动力

逆境使人别无选择，逆境给人很大压力，而压力能激发出强劲动力。

将胡萝卜、鸡蛋和碾成粉末状的咖啡豆分别放入开水中煮。20分钟后，胡萝卜变软了，鸡蛋煮得硬硬的，而咖啡豆却与水融为一体。

这就好比是正在逆境中经受磨砺的人，有的人就像是胡萝卜，入锅之前是强壮的、结实的，可煮熟后却变软了；有的人就像是鸡蛋，原本是易碎的，只有一层薄薄的外壳保护着里面的液体，可煮熟后里面却变硬了；有的人就像是咖啡豆，进入沸水之后，反而改变了水。

如果可以选择，你会是哪一个呢？是认输了、放弃了；还是使自己更加强大；抑或是让自己融入逆境之中，吸取经验，使之转变成顺境呢？当然，如果可以选择，谁都会选择成为咖啡豆。而这个转变正是来自于你的心态。

法国作家巴尔扎克说过：“苦难对于天才是一块垫脚石，对能干的人是一笔财富，对弱者是一个万丈深渊。”当我们身处逆境之中，如果你能想着自己正在爬向成功和幸福的山顶，而此时只不过是在拔除路上的野草，那么你的心态就能保持积极向上。这一点并不难做到。

逆境中的自我心理调节

事实上，大多数人都知道面对逆境时应该积极地面对，可是内心却总是被一些消极的情绪所影响。那么，究竟要如何冲破内心的厚茧，让自己的心态保持积极呢？很简单，只要能把消极的情绪发泄出来，你就能慢慢恢复理性了。

转移——在遇到人生中大的挫折和磨难时，尽量暂时扔下这些不去理睬，把精力和注意力转移到自己最喜欢或者最有可能成功的事上，以此来缓解自己的不良情绪。

宣泄——当你心情烦躁，或者觉得前路茫茫时，可以找朋友倾诉，或者大叫几声、痛哭一场，把自己内心破坏性的能量及消极的情绪释放出来。

补偿——正所谓“失之东隅，收之桑榆”，如果你在一件事情上受挫了，可以暂时中断，转变方向，向自己可能成功的方向努力，以弥补或减轻心理上的挫折感。

幽默——幽默是治疗心理伤口的最佳良药。在遇到挫折或处境尴尬时，用一种风趣诙谐的语言方式给自己以良性的刺激，能够适当缓解内心失衡的状态。

停止抱怨

生活中常有烦心事发生，比如被拥堵的交通困住，被喜怒无常的领导训斥，被糟糕天气所困扰，被难以摆脱的疾病折磨，被越升越高的房价打击……

很多时候，抱怨似乎成为了人们宣泄这些不满的唯一方式，甚至已成为一些人的生活习惯，成为他们对抗现实矛盾和困难的一种手段。然而，抱怨没有丝毫意义，甚至是非常可怕的。

抱怨能给你带来什么

抱怨能给你带来什么呢？

美国伟大的心灵导师威尔·鲍温曾经说过："我们抱怨，是为了获取同情心和注意力，以及避免去做我们不敢做的事。"

一个名牌大学的毕业生，刚刚离开校园，满怀壮志地准备成就一番事业。不料在一次与同事的升职竞选中，他被人陷害进了监狱。

在监狱中，青年整整度过了9年的光阴。出狱后，青年觉得人生中最美好的时光已经失去，便在心里开始了日复一日的抱怨和咒骂："为什么上天对我这样不公平，为什么我会如此不幸，在年轻有为的时候受此冤屈进了监狱……它将我的一生都毁了，我还有什么未来？"就这样，青年在抱怨中步入了老年，最后在贫寒中一病不起。

临终之前，牧师来到他的床边："可怜的孩子，去天堂之前，忏悔你在人世间的一切罪恶吧……"曾经的青年泪流满面，又将自己的不幸遭遇向牧师诉说了一遍。

牧师听后，叹了口气说："你真是世上最不幸的人。因为别人囚禁了你9年，可是当你重获自由时，却用心底里的仇恨和抱怨囚禁了自己整整四十多年！这才是你真正的不幸。"

其实，抱怨的时候，你的愤恨和烦躁并没有因此而得到舒解，相反会越抱怨越觉得不满，钻进了牛角尖。抱怨是会使人上瘾的，如果抱怨已经成为了一种习惯，那么你的人生都将陷入死胡同。

就好像那个青年，如果从出狱的那天起，就能调整好自己的心态，将时间和精力更多地投入现在和未来上，用心感受生活的乐趣，那么他的生活完全可以同其他人一样美好而幸福。

停止抱怨，先从改变自己开始

在某市的一次颁奖晚会上，被评为"最干净的出租车"的司机上台领奖。这位司机笑着说："几年前，我是出租车公司的清洁工人。当时，每辆出租车晚上回来的时候都装满了垃圾。地板上总是扔着七八根烟蒂，座位和车门把手上甚至有花生酱、口香糖之类的东西。一开始，我非常生气，常常抱怨乘客不讲卫生，没有公德心。可是后来，我发现无论我怎么抱怨，垃圾都不会少一点儿。于是我想，如果每位出租车司机都能勤快一些，及时清理垃圾，那么乘客也许会多为别人着想一点儿。后来，我幸运地领到了公司的出租车牌照，我就按自己的想法把车收拾成了这样。每位乘客下车后，我都要察看一下，把车收拾得十分整洁后再迎接下一位乘客。渐渐地，我发现，就算我不收拾，我的出租车回公司时也会一尘不染……其实，每个人都欣赏美好的东西。如果我们停止抱怨，尝试着去改变自己，那么别人自然也不会跑来找麻烦。”

人就是这样，很多时候不愿承认自己的问题，而是责怪别人做得不对，埋怨上天不公平。其实，为什么不更多地反省一下自己呢？生活中，往往应该改变的，不是环境，不是别人，而是我们自己。

如何培养自己不抱怨的心态

适当的抱怨是人的一种正常心态，想要完全断绝的确很难。你可以放任自己偶尔小小地抱怨一下，但千万不要让它成为习惯。

那么，究竟如何停止自己喋喋不休的抱怨呢？如果你觉得自己根本无法做到停止抱怨，那么至少应该在抱怨的时候提醒自己——抱怨只是暂时的情绪宣泄，并不是解决问题的良方。具体来说，停止抱怨可以分两步走：

第一步，当你开始要抱怨的时候，想一想：“我为什么要抱怨？抱怨的这件事是我可以改正的吗？”如果可以，那么就开始改正自己。如果连改变自己也行不通，那么请走第二步。

第二步，逼迫自己换一个角度去想，转移抱怨的焦点。也许你自己也非常讨厌抱怨，但就是阻止不了，控制不住自己一遍一遍地重复它们。其实，你的大脑已被抱怨逐步占据了，你的大脑成了消极情绪停泊的港口。

那么，既然抱怨阻止不了，那么就对它缴械投降，允许自己抱怨一会儿，然后立即做一些其他事情来转移自己的注意力。通常情况下，事情淡化后，你再想起这件事的时候就不会那么怨声载道了。

不过如果你的愤怒和不满还没有减退或消除，那么试着逼迫自己换一个角度去想，或者站在别人的立场想问题，不断重复地去想。相信自己，反复数次后，你自然后停止抱怨。

当然，也许你需要用很长的时间才能改变自己爱抱怨的习惯。因此，请多给自己一点勇气和耐心。

真正看清自我

大多数人都认为，想要成功就要结交更多的朋友，可是却往往在不断地认识其他人的同时，没能看清自己。问一下自己：我的爱好是什么、优势是什么、理想是什么？我想要过怎样的生活？我的事业目标如何定位？这一切，你都清楚吗？

你认为自己是个什么样的人，你又期望自己成为什么样的人——这是一个至关重要的人生课题，并在很大程度上决定你的命运。

成功的第一步，就是要认清自我

有一个人刚刚经历了企业倒闭、负债累累、妻子离去等一连串的不幸。绝望之中，他决定去教堂做最后一次忏悔，然后自杀。

在神父面前，他痛哭流涕地将自己的经历述说了一遍，最后怀着一丝希望用乞求的眼神望着神父。神父沉默了一会儿说："对你的遭遇我深表同情，但我也没有能力帮助你。不过我可以介绍你去见一个人，在这个世界上，只有他可以帮助你东山再起。”那人听到神父这样说，激动地抓住神父的手，要求马上见到这个人。

神父拉着他的手，带他来到一面镜子跟前，用手指着镜子说：“那个唯一能救你的人就是他，也就是你自己。你必须首先认清这个人，然后才能做成其他事。在对这个人作充分的剖析之前，你只是一个没有任何价值的废物。”他望着镜中的自己，细细地从头到脚打量了几分钟，然后再次痛哭起来。

几天后，他再次来到教堂，好像完全换了一个人，步伐轻快有力，双目坚定有神。见到神父，他说：“谢谢你，神父，是你让我重新认清了自己。现在，我已经找了一份不错的工作，我相信，这是我成功的起点。”他果然东山再起，成为芝加哥有名的富豪。

人们所收获的每一次成功，事实上都是建立在对自己有全面深刻的了解的基础上的。只有找准自己在现实环境中的位置，才能创造成功的人生。

根据优势定位人生

成功也有捷径，那就是根据自己的长处来确定人生方向，并坚持走下去。选择一个最能使你全力以赴的职业，最能使你的品格和长处得以充分发展的职业，才能让你的前进道路相对平坦；相反，路途会艰辛很多。

富兰克林曾经说过：“宝贝放错了地方便是废物。”成功人士之所以成功，很重要的一点就是利用自己的优点和长处，而设法避开自己的弱点和短处。

马克·吐温是世界著名的作家和演说家，但他却有过一段惨痛的从商经历。一开始，马克·吐温曾经投资开发打字机，结果赔掉了5万美元。后来，他又开办了一家出版公司，很快又陷入了困境，以公司破产倒闭而告终。

两次失败后，马克·吐温陷入了严重的债务危机，他也终于认识到自己毫无商业才能。于是，他毅然放弃了经商，重新开始写作，并开始在全国巡回演说。

这一次，马克·吐温完全没有了商场中的狼狈，以风趣幽默的语言风格和敏捷的思维重新收获了成功。

可见，看清自己的优势对于成功来说至关重要。你的优势在哪里？如果你已经找到了，那么就从这里出发吧！

认清自己蕴藏的潜在能力

千万不要低估自己的能力，事实上每个人都有意想不到的潜能。只要你认清自己的潜在能量，适时地、适当地激发它，那么离成功就又近了一步。

在日本曾经发生过这样一个真实的事情：有一个妇女在出门时，将自己正在睡觉的三岁大的孩子独自锁在家中。

可是，这孩子不一会儿就醒来了。由于找不到妈妈，孩子便爬上阳台呼叫，结果一失足，从五楼的阳台上坠落下来。这时，返家途中的母亲看到了这一幕，立即飞奔至楼下，奇迹般地接住了孩子。

理论上说，三岁孩子的体重约 15 公斤重，如果从五楼坠下，在重力加速度的作用下，地面上的人根本无法承受这个重量；同时，这位母亲从看到孩子有危险的地点到坠楼地点的距离有几十米远，常人根本无法在短短一两秒钟的时间内跑过去。

这件事在日本引起了轰动，专门请来举重运动员和赛跑运动员做了一个模拟试验，结果都无法及时赶到出事地点，也无法成功地接住孩子。

可见，人的潜能是巨大的，有时也是意想不到的。只不过由于受到后天环境的影响，大部分人都让自己的潜能处于沉睡状态。

那么，如何发掘自己的潜能呢？很简单，只要我们不断地挑战自我，不断地学习新的技能，你的潜能就会被无限放大。具体来说，发掘潜能，我们需要做到以下几点：

首先，经常给予自己积极的暗示，以提高自己的信心和勇气，帮助自己发掘潜能。

其次，经常在心里想象出一个比自己更好的“自我”的形象，以激励自己的斗志，帮助自己释放潜能。

最后，只有实践才能激发潜能，因此要多尝试，多实践，多挑战。

分解自己的目标

有什么样的目标，就会有什么样的人生。在人生的道路上，在不同时期要确定与之相适应的目标，这样才会向成功一点点地靠近。思考并且规划自己想要追求的目标，丝毫不理会外界的干扰，这是成功人士的不二法则。

设定目标是成功的基础，但如何设定自己的目标，是十分关键的问题。通常来说，目标应该清晰，而且远大；但目标更应该具体，即把长远的目标分解开来，逐个击破，成功才不那么遥不可及。

让自己看到目标

1952年，34岁的美国女游泳选手费罗伦丝·查德威克准备横渡大西洋，在卡达林纳岛向加利福尼亚海岸游去。她曾是从英法两边海岸游过英吉利海峡的第一个女人，享誉全世界。

然而，当天的雾很大，几米外就看不到任何东西了。费罗伦丝一直不停地向前游，被冰冷的海水冻得浑身发麻。十多个小时后，就在距离终点只有半英里，胜利唾手可得的时候，费罗伦丝却叫人拉她上船，彻底放弃了这个计划。

登上船后，费罗伦丝才知道离成功只有一步之遥。当记者采访她时，她不假思索地说："对于这次失败，我并不想为自己找借口。但如果当时我能看见海岸和陆地，也许我能坚持下来。"

事实上，真正让费罗伦丝半途而废的不是疲劳，也不是寒冷，而是因为在浓雾中看不到目的地，看不到希望。

费罗伦丝这一生中就只有这一次没有成功地游到终点。两个月后，她就成功地游过了同一个海峡，而且比男子的纪录还快了大约两个小时。

因此，当你计划自己未来时，一定别忘了制定能让自己看到的目标。只有看到目标，才能看到希望，才能朝着那个方向奋力前行，才会有无穷的动力，才不至于半途而废。

关于这个问题，一位心理学家曾经做过这样一个试验：他组织三组人，让他们分别向10英里远的一个城镇行进。

第一组人由向导带领着向前走，他们不知道是哪一座城镇，也不知道有多远的路程，因此走了不到一半的时候，就有很多人放弃了。

第二组人被告知了城镇的名字和路程，于是他们凭经验估计行程的时间和距离。离终点不远的时候，大多数人都已经情绪低落，觉得疲惫不堪。这时，向导说："马上就到了！"大家于是又振作起来，很快到达了终点。

第三组人也被告知了城镇的名字和路程，而且路上每隔一英里都设有里程碑。大家一路上边走边唱，没怎么感觉疲劳就到达了终点。

由此可见，当人们有了明确目标，并能不断对照时，其行动的热情和动力都会得到维持和加强，这是克服一切困难的源泉。只有这样，目标才容易被实现。

如何细化和分解目标

设定具体的目标是必要的，那么如何设定才妥当呢？其实很简单，就是把较难实现的大目标分解成无数个很容易实现的小目标即可。它会让你时时刻刻都能看到希望的曙光，心中充满必胜的信念。

日本马拉松运动员山田本一是国际上非常著名的体育健将，多次取得世界冠军。每次记者问他凭什么取得如此惊人的成绩时，他总是回答："凭智慧战胜对手。"

是什么智慧让他战胜了那么多高水平的运动员呢？人们百思不得其解。直到十年后，山田本一在自传写道："在每次比赛之前，我都会先乘车把比赛的线路仔细地看一遍，并把沿途比较醒目的标志画下来，比如第一个标志是银行；第二个标志是一棵大树；第三个标志是一座红房子……这样一直画到赛程的终点。比赛开始后，我就以最快的速度奋力地向第一个目标冲去，等到达第一个目标后，我又以同样的速度向第二个目标冲去。数十公里的赛程，就被我分解成几个小目标轻松地完成了。当然一开始，我并没有掌握这个方法，把目标定在数十公里以外的终点，结果我跑到一半的时候就疲惫不堪，我被前面那段遥远的路程给吓倒了。"

这就是细化目标的技巧，即把目标分解开来，化整为零，变成一个个容易实现的小目标，然后将其逐个击破。

其实很多时候，你之所以没能成功，正是因为把目标定得无比远大，而自己被这个遥远的目标所吓坏了，无法企及。这种情况下，远大的目标就等于是自己设定的障碍，很容易心生畏惧。只有把大目标分成许多小目标，按照实施的步骤排列起来依次完成，才能充满智慧地获取成功。

搭建信念的平台

信念是人对于生活中某些观念抱有坚定的确信感和深刻的信任感的意识倾向，简单地说，就是相信自己。信念的力量是伟大的，它能让你变得越来越强大，甚至任何困难都无法将你击倒。汶川大地震中被埋在废墟下一百多个小时仍然被活着救出的人们，哪个不是凭借顽强的信念努力着，创造了一个又一个的生命奇迹？

坚定的信念能铸就成功

罗杰·罗尔斯是美国纽约州历史上第一位黑人州长。他出生在纽约一个偏远的贫民窟。那里环境脏乱，充满暴力，到处都是偷渡者和流浪汉。在这里生活的孩子，几乎个个都习惯了逃学、打架、偷窃，甚至吸毒，长大后很少有人能过上正常的生活。然而，罗尔斯却当上了州长，他是怎么做到的呢？

曾经有记者采访过罗尔斯："您是凭借什么当上州长的？"在回答这个问题时，罗尔斯对自己的奋斗史只字未提，而是只提到了他的小学校长——皮尔·保罗。

1961 年，皮尔·保罗任诺必塔小学的校长。学校里的孩子们终日旷课、斗殴，以砸烂教室的黑板而取乐。保罗校长想了很多办法来教育他们，可是都没有奏效。后来，校长终于发现了一个奏效的办法，那就是在上课的时候给学生看手相，并以此来鼓励他们。

当看到罗尔斯的时候，保罗校长说："你看，你的小拇指居然如此修长，将来你一定会成为纽约州的州长。"罗尔斯听后大吃一惊，虽然出乎他的预料，但他记下了这句话，并且深信不疑。

从那天起，罗尔斯一改往日的顽劣，开始发奋，向着"纽约州州长"而努力。在以后的四十多年间，他没有一天不以一个州长的标准来要求自己。51 岁那年，罗尔斯终于当上了州长。

成功的人无不拥有坚定的信念，信念就是方向，是前进动力的源泉。只要你相信自己总有一天会成功，并且每天都在为了这个目标的实现而努力奋斗，那么成功还会远吗？

成功并没有想象的那么难

信念固然很重要，但搭建坚实的信念平台却并不容易。很多人都认为成功太难了，尤其是那些刚一碰壁就心存恐惧的人，他们会把成功想象成遥不可及的事，最终摧毁了自己的信念。

几千年来，人们都认定一个事实，那就是由于骨骼、肌肉等各方面因素的限制，人类不可能在 4 分钟内跑完 1 英里，这一"真理"经过了许多科学家和权威人士的研究和论证。然而在 1954 年，罗杰·班纳斯特打破了这个纪录！

在破纪录前，他曾在脑海中无数次地想象自己以 4 分钟的时间跑完了 1 英里，从而形成了强大的成功信念。人们都认为他是超人，是非同寻常的。

令人惊奇的是，就在班纳斯特破纪录的第二年，又有 37 个人也做到了。第三年，完成这一壮举的达到了数百人！

这一空前的"奇迹"为什么在班纳斯特突破之后有那么多人做到了呢？因为人们被千年来的纪录和科学家的研究报告所限制住了，直到他们看到有人做得到，才相信自己也能做到。

20世纪60年代，一个韩国留学生到剑桥大学学习心理学。课余时间，他总是到学校的咖啡厅听一些成功人士聊天。这些成功人士有的是诺贝尔奖的获得者，有的是某领域的学术权威，有的是商业巨子。他们言谈风趣轻松，好像成功都是十分自然和顺理成章的事。然而在当时的韩国，那些成功人士却总是把自己的创业之路说得异常艰辛。

这个留学生于是开始研究韩国成功人士的心理。1970年，他写成了论文《成功并不像你想象的那么难》，并提交给了现代经济心理学的创始人威尔·布雷登教授。布雷登教授看到论文后，非常震惊，觉得这是一个新发现，因为这种现象在世界各地普遍存在，尤其是东方各国。布雷登教授于是立即写信给他的剑桥校友、当时的韩国总统朴正熙："我不敢说这篇论文对贵国有多大的帮助，但我敢肯定它比你的任何一个政令都能产生震动。"

结果不言自明，韩国的经济此后真的开始腾飞了。这个留学生后来也成了韩国泛业汽车公司的总裁。

这篇论文让人们看到，想要获得成功并不难，只要坚定信念勤奋地走下去。

为信念增加力量

信念是一切成功和奇迹的源泉，然而信念却很容易动摇。那么，我们要怎样去坚定自己的信念，如何为它增加力量，让自己坚持下去呢？

首先，给自己创造一个相对积极的环境。过于恶劣的环境会摧毁人的信念和梦想。试想一下，如果你的周围尽是生意失败者，尽是一事无成者，那么你自然就会战战兢兢、缩手缩脚，成功就难上加难了。

其次，要不断丰富自己的文化内涵，学习他人的成功经验。你一定不难发现，当我们读过一位成功人士的事迹之后，心里总会产生一种向上的冲力，坚定我们必胜的信念，促使我们奋发图强。那么，就不断地强化记忆这些经验，让它最终能成为自己的。

最后，经常在心里想象自己已经获得了成功，为你所追求的目标画一个清晰的轮廓，它会让你生气勃勃，自信无比。

有时候，你需要改变自己

在伦敦著名的威斯敏斯特教堂里，英国圣公会主教的墓碑上写着这样一段话："当我年轻的时候，我的想象力没有任何限制，我想改变整个世界；当我成熟后，我发现自己无法改变这个世界，我将目光缩短了一些，决定只改变我的国家；当我进入暮年，我发现我也无法改变我的国家，我的最后一个愿望仅仅是改变我的家庭，然而这也做不到。现在，我躺在床上，即将入土，我突然意识到：如果一开始我只去改变我自己，然后作为一个榜样，我可能会改变我的家庭，而在家人的帮助和鼓励下，我也许可以为国家做一些事情，而后，谁知道呢？我甚至可以改变整个世界！"

人类可以经由改变自己而改变生命

在面对失败与困难的时候，很多人都会觉得如果这个社会如果再公平一些，制度如果再完善一些，那么自己可能就会成功了。总之，一切都向着自己希望的方向发展，那就再好不过了。可是，任何人和事都不会以你的意志为转移，除了你自己。

大多数人都会犯同样一个错误，那就是遇到问题总会先找别人的失误，要求别人去改变，而这样做的结果往往是一无所获。那么，为什么不先从自己身上找寻失败的原因呢？当你不再将眼睛盯着别人，而是回到自己身上的时候，你就会发现问题的关键所在了。

日本非常著名的推销大师原一平曾经只是一家保险公司的普通推销员，虽然每天都在勤奋地工作，但业绩却低得可怜，工资连自己都养活不起。他总是在心里暗暗埋怨，社会还是不发达，人们的保险意识都太弱了。

一天，原一平来到一个寺庙。见到寺庙的住持，他便开始滔滔不绝地述说保险的益处。然而说了好半天，住持却一言不发。无奈之下，原一平只得起身离去。

临出门时，住持对他说："谢谢你刚才的述说，但它丝毫引不起我投保的愿望。不过，如果你能改变一下会谈方式，在两个人开始谈话时先从对方感兴趣的话题谈起，那么效果会好很多。"

原一平觉得住持的话很有道理，于是从那天起，他组织了专门针对自己的"批评会"。在批评会上，他会请五个同事或投了保的客户吃饭，然后让他们说出自己的缺点。在这个过程中，他第一次认识到自己原来有那么多缺点：个性急躁、自以为是、知识不够丰富、与人不够亲近……原一平将这些宝贵的逆耳忠言一一记录下来。在接下来的日子里，他努力改掉这些缺点，让自己的推销逐步完善起来。

几年后，原一平的销售业绩荣膺全日本之最，并从1948年起，连续15年保持全日本销量第一的好成绩。1968年，他成为美国百万圆桌会议的终身会员，甚至被美国著名作家奥格曼狄诺称为"世界上最伟大的推销员"。

原一平的成功正是从改变自己开始，让自己变得越来越强大，越来越完美，而后获得了成功。人真的可以经由改变自己而改变生命，所以有时候，需要迫切改变的并不是环境，而是我们自己。

成功需要突破和创新

成功需要的一个关键性品质就是突破和创新。试想一下，你开了一家可以坐20位顾客的餐馆，并且一直在盈利。但如果你不在资金积累到一定程度的时候扩大店面，那么你的小餐馆永远只能坐20位顾客。只有不断地想办法才能让自己做得更好。

一个刚毕业的青年到家大公司打工，虽然公司里人才济济，但他却并不甘于平凡。从工作的第一天起，他就在不断地充电、学习，并改进自己的工作，使其更有效率。当同事们都按部就班地工作时，他却发明了独特的工作方式，使自己的工作效率非常高。不久，他就因业绩突出而升了职。

青年并不以此为满足，而是变得更加努力。他不断寻求着新的创意和工作方法，虽然有些方法经过验证并不可取，但他却在不断的尝试和突破中不断地完善了自我，业绩逐年攀升，很快就进了公司的高层。

然而，生活中的大多数人在面对自己的事业时，都是抱着得过且过的心态的。他们从未想过自己的工作还可以更有效率，却总是纠结于工作中不断出现的问题而烦恼不堪。

事实上，如果你的工作状态让自己很苦恼，那么就说明你的工作需要改进了。你需要在每天走进办公室前，清理一下自己的思路，想一想需要在哪一方面改进自己的工作，需要学习什么技能。如果这些问题得以解决，那么你就一定能获得事业上的成功。

欲望无止境

是人就会有欲望，吃的欲望、娱乐的欲望、金钱的欲望、性的欲望……可以说，人的欲望是无止境的，满足了这一个，下一个又会接踵而至。

有欲望是正常的，它也是动力的源泉，但很多时候，人们都很难把握住需求与欲望的平衡，一旦拥有了，渴望的却越来越多，使正常的欲望变成了贪欲。很多人痛苦的真正原因都是被这些无穷的欲望压得喘不过气来，成为欲望的奴隶。

不要成为欲望的奴隶

欲望一定不能过分，否则就会让人掉进旋涡之中，小心环境的影响和心理的压力会使你不断地接受更多非必需的东西。

一个职员刚刚升了职，高兴之下想给自己买辆车。他原本只想买一辆代步的车，二手的也可以，总价控制在五六万元。

同事知道后，劝告他说：“二手车不好，五六万元可以买辆小型的新车了。”这个职员觉得挺有道理，于是把买二手车的计划放弃了。他查了一下车的价钱，选定买一辆QQ，可是朋友们又劝他说：“QQ太小了，将来成家了也不够用，加个两三万，能买更好的车型。”这个职员想想也是，车子高档一些，也能配得上自己的职位，于是决定买八九万价位的车。

来到汽车城，这个职员看到各式各样的车子，实在不知道选择哪一款。这时，导购员说：“八九万的车只能算是入门级，如果先生能再加一两万，可以买到一个非常不错的车。相信您不差这一两万了。”职员觉得有道理，自己是工薪阶层，不可能换车，如果添一两万元可以买到更好的车，何乐而不为呢？

十万元的车子之中，配置可谓五花八门：空调是不是自动的，音箱有没有重低音，有没有天窗，座椅是不是真皮的，气囊有几个……在导购员的劝说下，这个职员选择了自动恒温空调的，因为驾驶的时候会感到更舒适；选择了有天窗的，因为将来可以带家人去兜风；选择了座椅是真皮的，因为清洁起来方便，看起来也更有档次……就这样，职员以14.5万的价格买下了一辆自动豪华型车。

可是，家里的所有存款都买了车，连油都买不起了，养车每月需要1000多元。无奈之下，这个职员索性就不开了。买车是为了让自己的生活更方便，可是这个职员却被车“套”住了，没收获一点儿益处。

苏格拉底曾经说过：“当我们为奢侈的生活而疲于奔波的时候，幸福的生活已经离我们越来越远了。”其实，生活中的许多烦恼都跟这个职员买车一样，随着欲望的一点点加码，烦恼也跟着一点点增加。最后，你原本平静的生活被欲望给毁了。

把握需求与欲望的平衡

对于自己无穷的欲望，要怎样把握需求与欲望的平衡呢？其实很简单，那就是适时地见好就收，放弃一些眼前利益。当然，这有一个前提，那就是在权衡了利弊之后再做出选择。

有一个乞丐，贫困得连一日三餐都没有着落。他经常幻想，如果上天能赐给我两万元钱，我一定能过上幸福的日子。

这天，乞丐在路旁发觉了一只精心打扮过的小狗。他觉得好玩儿，便把狗抱回了他住的窑洞里，拴了起来。

几天后，乞丐在路边看到了一个寻狗启事：如有拾到者请速还，付酬金两万元。启事上的照片跟他捡到的小狗一模一样。原来，这只狗是一只纯正的进口名犬，主人是一个大富翁。

乞丐激动极了，迫不及待地跑回“家”，准备第二天抱着小狗准备去领酬金。可到了第二天，启事上的酬金居然变成了3万元。

于是，乞丐停住了脚步，准备再等等。果然，接下来的几天里，酬金涨了又涨。直到第九天，当酬金涨到了18万时，那只可爱的小狗却死了。

欲望能帮助人向上，也能害人害己。就好像这个乞丐一样，贪欲让他错失了富有的机会。其实，每个人的一生都会有好的机会降临，可有时候，一些美好的东西并不是我们无缘得到，而是我们的期望太高，往往在刚要接近一个目标时，又会突然转向另一个更高的目标。

正在勇往直前的朋友们，请时刻提醒自己，脚下的路是否踏实？正在追求的是否已大大超过了自己的需求？疲于奔命的自己是否快乐？回答了这些问题，你就能把握需求与欲望的平衡了。

别被贫穷压垮

也许，你正身处贫困，正苦恼于如何摆脱贫困。在这个问题上，没有人能帮助你，只有凭借自己的努力来解决。不过你一定要相信，总有一天，你将会富有起来。这一天，或近或远，但只要你坚定信念，顽强拼搏，不被贫穷压垮，成功就会属于你。

没有人喜欢过贫穷的生活，但有时候，它也是一种财富。贫穷就像是一种运动，可以锻炼人，使人体格强健，成为我们成就事业最有利的出发点。为了脱离艰难的境地而奋力拼搏，这是摆脱贫穷的唯一方法，而这件事也最能造就人才。

消极的心态会让你贫穷一生

暂时的贫穷并不可怕，可怕的是安于贫穷。穷人跟富人最大的区别就是心态，消极的心态，只会让穷人更加贫穷。那些所谓的富人同样也从贫穷中走过，但他们从中学会的是坚强，是拼搏；而穷人却只得到了恐惧和借口，在贫穷中越来越软弱、胆小、灰心丧气。

一个富人家的门口每天都有一个乞丐，提着个破罐子坐在路旁。富人从不理会这个乞丐，邻居都说他为富不仁。富人解释说："我这么做恰恰是对他的仁慈，如果他轻易就能得到别人的施舍，那么他永远也不会想要致富。要知道，富人都是被逼出来的！"邻居们听后，并不以为然，觉得乞丐没有本钱怎么致富？

富人为了证明自己的观点，于是走到乞丐跟前，给了他300元钱，说："我最初就是靠300元钱创业的，现在把它交给你。去做点事情吧，不要再乞讨了。"乞丐见到这么多钱，高兴地连连点头，飞奔而去。

半个月过去了，乞丐再没有出现。邻居们都认为他一定努力创业去了，可是这时，乞丐却把钱花完又回来了，重新开始乞讨。富人和他的邻居们从此不再理会这个乞丐。

其实，大部分的穷人之所以一生贫困，不是由于自己的运气不好，而是因为他们太善于自我麻醉，安于现状，心态过于消极。很多人习惯了现在的生活，总觉得穷一点儿也好，至少比较安逸。正是这种心态，让穷人不愿去尝试，不愿去努力。

穷人有时候缺少的恰恰是对成功的渴望和信念，以及走向成功的热忱。对于所有人来说，无论现在的处境多么恶劣，或者先天的条件多么糟糕，只要保持高昂的斗志和激情，成功都是有希望的。

自卑阻碍了你的致富之路

很多人之所以贫穷的另一个重要原因就是自卑。心理学家研究发现，一部分穷人正是在强烈的自卑心理的压力下，最大限度地夸大了自己的低能和渺小，而用富人的标准扼杀了自己的信心。

有一个二十多岁的青年，请求心理医生的帮助。他说道："我压力实在太大了，总是想要找一份适合我的工作，接着好好干一番事业，可是却总也没能找到。我因为一场重病没能上一所重点大学，只读了大专。现在我的身体仍然不是很好，不能从事过于劳累的工作。可是做每份工作，我都觉得自己做得不如别人好，有时候我也给自己打气，可还是不行。我没有本钱做生意，读大专的时候几乎花光了父母全部的积蓄。我需要找一份能挣钱的工作，不仅是为了自己，也是为了我父母。有时候我想学一点本领，可是学几天就会没兴趣。我该怎么办呢？未来我该向什么方向发展呢？"

这种事例非常普遍，这种人也并不少见。很多穷人都在质疑自己，习惯于拿自己的短处与他人的长处做比较，结果当然是越比越觉得不如别人，越比越泄气。长此以往，自卑的心理就会越来越严重，越来越难以获得成功。

事实上，自卑的心态真的是不必要的。罗斯福的瘫痪、拿破仑的矮小、肯的丑陋，这些缺陷并没有让他们自卑，而是帮助他们铸就了辉煌的一生。当然，没有人愿意自卑，只是他们特别"善于"发现自己的缺陷、短处和生活中不利于自己的方面，然后把它们无限放大，结果吓坏了自己——既然我如此弱小，还有什么能力去跟别人竞争呢？

因此，穷人所要做的事，首先就是要发现自己的优点，然后放大自己的优点。要知道，丑小鸭之所以能变成白天鹅，就是因为它勇敢地挺起了胸膛，骄傲地扇动了翅膀。

行动起来

萎靡不振、畏首畏尾是世间最难治也是最普遍的毛病，它使很多人完全陷于贫穷的境地。一个人如果终日萎靡不振，一遇到事情都习惯性地先放在一边，即使心里有远大的理想和目标，也从不肯实践，那么他就一辈子也无法成功。

有个青年，做事总是优柔寡断、犹豫不决。他的家门口有一棵树，总是挡着来往的路。每次走到树跟前，他都在心里暗暗地说，明天一定要把你砍掉，可是却从没真正动手去砍。直到他两鬓斑白时，那棵树仍然完好无损地挡在路中间。

一次，女儿问他："爸爸，你为什么不把这棵树砍掉，它太讨厌了！"老人想了一会儿说："因为咱家没有斧头呀！"

其实，那棵树没有被砍掉，并不是因为没有斧头，而是因为主人始终没能行动起来。所以，行动起来，走出第一步，你将离成功和富有越来越近。

适时地放弃

人生的路，每经过一个十字路口，都要进行一次选择。当我们选择了一条路的时候，也就意味着放弃了另一条路。然而，有很多人却总是在十字路口上停止不前，并非由于他们不懂得无法同时走两条路的道理，而是因为他们舍不得放弃。

人生的路复杂多变，但却又很简单，只要学会了选择和放手。应该得到的完全可以理直气壮，不该得到的则要毅然放手。

放弃也是一种收获

美国著名哲学家、文学家爱默生曾经说过：“人生最大的智慧是懂得放弃，我们每个人都有难以割舍的东西。放弃了，也许是一种胜利。”的确，有舍才有得，得到的前提就是放弃。

有一个4岁的小男孩儿，在房间里玩耍的时候，不小心将手插进了上窄下宽的古董花瓶里，怎么也抽不出来。男孩儿的妈妈听到孩子的哭声，跑了过来。她用了很多办法都没能把儿子的手拿出来。最终，母亲不得已，将价值连城的古董花瓶打碎了。

小男孩儿的手安然无恙，可是却紧紧地握着。母亲轻轻地检查孩子的手，才发现，原来儿子的拳头里紧握着一枚硬币。他正是为了拿出这枚硬币，才把手卡在花瓶里的。

其实，孩子完全可以把手抽出来，可是他始终不肯放弃那枚已经“到手”的硬币，最终损失了一个古董花瓶。

你也许会说，这个孩子太小了，很幼稚。可是生活中，很多人都做过类似的幼稚的事。原本放手就能立刻解决的问题，却宁愿受着牢笼之苦，最终惨淡收场。

扪心自问，是不是自己太贪心了呢？总是渴望着获取，渴望着占有，而忽略了舍弃，忽略了放手，忽略了“失之东隅，收之桑榆”的真谛。

放弃也是一种收获，或者说，只有先放弃，才能够收获。只有懂得放弃的人，才会拥有更多。

鹰是世界上寿命最长的鸟类，有些甚至可以活到70岁。然而，拥有长寿的代价也是相当高的。在鹰40岁左右的时候，爪子就会开始老化，无法抓住猎物；喙会变得又长又弯，甚至能碰到自己的胸膛；翅膀会变得十分沉重，因为它的羽毛长得又浓又厚，根本无法奋力飞翔。

放在鹰面前的只有两条路，一是等死，二是经过一个万分痛苦的过程，获得重生。获得重生的鹰要经过长达150天左右的操练。

它必须飞到山顶，在悬崖上筑一个巢，然后待在那里。这期间，它要用喙不断地击打岩石，直到完全脱落；新的喙长出来以后，它还要用喙把爪子上的指甲一根根地拔掉；新的指甲长出来后，它再把自己的羽毛一根根拔掉。等到新的羽毛长出来，鹰才可以再次飞翔，重新获得30年的生命！

鹰只有舍弃了旧的外壳，才能收获更长久的生命——这就是放弃的智慧。

适时的放弃也是成功

看过《开心辞典》的人都会有这种体会，12道题全都答对的人并不多，往往是在3道、6道或9道的关口，因为一次失误而前功尽弃，被淘汰出局。但是面对主持人王小丫一次次的发问："继续吗?"大多数人都不会放弃已经得来的成绩，依旧选择"继续"。

某一期的一个答题者在答完了第9道题时，三个求助方法已经用完。面对更高的难度，他毫无把握。亲人坐在台下支持着他，数万观众在电视机前注视着他。当王小丫面带微笑地问："继续吗?"他断然地回答："不。"回答完这个字，他紧锁的眉头才慢慢松开。

王小丫又问："如果12道题全答对了，你可以拿更大的奖。真的放弃吗?"答题者丝毫没有犹豫，坚定地点头："我放弃。"

王小丫一连问了三次，得到的都是一样的答案。就这样，他没有冲向"完美"的12道。

离场前，男主持人问他："如果你的儿子长大后问你，爸爸，那天在《开心辞典》你为什么放弃？你怎么回答?"他回答："我会告诉孩子，人生并不一定要达到最高点。"

主持人接着问："那孩子又问，那我以后考八十分就满足了，行不行?"他笑着说："如果他已付出最大努力，如果他对八十分满意，也没有心理压力，我赞同。不是每个人都能拿第一，人生懂得适时放弃也是成功。"说到这儿，全场响起了热烈的掌声。

在大多数人看来，勇往直前地向前冲才算是成功，勇夺第一才算是成功，哪怕是跌得头破血流，哪怕是一无所获。然而，这样的成功又有什么意义呢?与其毫无把握地走下去，不如适时地提醒自己——我拥有的已经够多了！

适时地放弃，是我们在准确地衡量自己后，做出的明智的选择。它并不等于退缩，而恰恰是为了保全已有的成果，为了延续，为了重生。对于无法得到的东西，忍痛放弃，那是一种豁达；必须割舍而不肯割舍，则是执迷，对自己有害无益。

人总是太贪心，总是背负着从前的包袱不肯卸下，使自己在成功的道路上越走越慢。因此，一定要学会放弃，放弃那些纷乱的杂念和欲望，扔掉那些痛苦的往事和记忆，轻松前行，成功和幸福才会如期而至。

第二篇

养肝——控制情绪

- 以内养外：为什么你会心浮气躁
- 怒火烧伤的是你自己
- 今天，你可以不生气
- 从生活的烦恼中跳出来
- 掌握自己的情绪周期
- 远离是非和争论
- 换位要到位
- 让生活和工作变得轻松起来
- 适时地大哭一场
- 假装拥有好情绪

以内养外：为什么你会心浮气躁

中医认为，“肝主疏泄”，即肝气具有疏通、条达、升发、畅泄等综合生理功能。《黄帝内经》中对肝的功能论述道：“肝者，将军之官，谋虑出焉。”

肝作为主“谋虑”的器官，与人体气血有着千丝万缕的关系。简单地说，只有养好了肝，才能控制住自己的情绪；当然也只有控制好自己的情绪，人体之“气”才会有条不紊地运行，肝气也才能顺畅，二者互相影响。

肝火旺，心气躁

心浮气躁几乎是现代人的一种通病。现代生活节奏快，生存压力大，每个人面对压力或身处逆境的时候都不可避免地动肝火，进而心浮气躁起来。久而久之，人体内的肝火就会被调动起来，人的情绪就会难以自制，心气便会躁动不安。肝火淤积体内，便会出现头晕、面红、目赤、口苦、易怒等症状。现在有很多人都会失眠，这也是肝火旺引起的，大多是因为思虑过度、恼怒损肝等造成。

中医认为，人的精神活动除了心所主之外，还与肝的疏泄功能有密切的关系。肝的功能正常，人体就能较好地协调自身的精神、情志活动，表现为精神愉快、心情舒畅、理智灵敏；如果肝气疏泄不及，就会表现为精神抑郁、多愁善虑、沉闷欲哭、嗳气太息、胸胁胀闷等；如果肝气疏泄太过，则表现为兴奋状态，如烦躁易怒、头晕胀痛、失眠多梦等。

七情中的“怒”与肝的关系最为密切。肝的疏泄失常可导致人的情志失常、躁易怒、烦失眠或抑郁寡欢。大怒伤肝，可导致肝的疏泄失常，而出现心烦易怒、面红目赤，至吐血、不省人事等症状。

现代医学也验证了这一点：当人情绪低落时，人体的免疫力就会下降，使人容易患病、暴怒和抑郁，从而使肾上腺素分泌异常，损害肝脏，导致诱发肝脏疾病或使原有的肝脏疾病加重，乃至迅速恶化。而患有肝病的患者往往脾气暴躁，情绪波动大。

浇灭无谓的“肝火”

人们常说，“冲动是魔鬼”。日常生活中，许多人都会在情绪冲动时做出令自己后悔不已的事情来。因此，学会有效管理和调控自己的情绪，是一个人走向成熟、迈向成功的重要基础。

中医用“火”来形容身体内的某些热性症状，上火的程度较“热气”还重。一般所说的上火，也就是人体阴阳失衡后出现的内热症。中医认为“火”的病理可分虚实两大类，常见的上火症状有心火和肝火两种。那么，究竟要如何控制肝火呢?

首先要保证充足的睡眠。中医认为，“卧血归肝”，肝藏血，充足睡眠能养血，同时又可以充分的使肝气得到一个疏泄。长期睡眠不足，会导致肝火越来越旺。

其次，“肝开窍于目”，眼睛也是肝脏的“窗口”。眼花、眼干、看不清东西，这些症状的产生可能是肝功能衰弱的先兆。如果肝火很旺，眼睛就会发红甚至发炎；如果肝气亏，长时间用眼就会感到疲劳，进一步亏下去，便成近视眼了。相反，如果眼睛太过疲劳，比如一整天都待在电脑跟前，就会影响到肝。这就是为什么沉迷于网络的青少年，脾气会变得越来越暴躁的原因之一。因此，养肝就要养眼。多让眼睛得以休息，是降肝火的保证。

同时，肝与脾的关系也十分密切。肝的疏泄、藏血，需脾胃来供养。若脾胃功能失常、生血乏源，则可致肝血不足，从而影响情绪。因此，养好脾胃也是养肝的前提。

最后要记住，情绪与肝是互为影响的。想要控制自己的情绪，就要注意养肝；想要把肝养好，就要尽力控制自己的情绪。只有这样，才能产生良性循环，让自己的情绪和肝都好起来。

怒火烧伤的是你自己

人人都会发火——

在公交车站等候30分钟也没见自己要等的车来，怒火中烧；

花费一天刚做完的报表，没有保存，电脑突然断电了，一天的努力付之东流，抓起狂来；

孩子不小心把家里的地毯弄脏了，结果洗不掉，大发雷霆……

我们每天都能接触到令自己不得不发怒的事情。但是，冷静下来，我们会思考，我们的怒火发得值吗？

怒火灼伤我们的理智，让我们不能够理性地分析问题。在怒火中烧之下，我们极有可能做出一些错误的决定来，到时候有可能悔之晚矣。

生气之后，会得到什么

人生气时，脑袋大都是空白的，很少有人会停下来想一下生气究竟能让自己得到些什么。

爱尔兰有一个律师，是一个急性子，很爱生气。

有一天，这名律师中了头奖，得到了100万镑的巨额奖金。但是律师是一个急性子，想要提前5天领到奖金去泰国旅游，为此他和彩票公司生气打官司，最后官司败诉了，律师赔了一笔钱。

律师很愤恨，决定用所得到的100万镑的奖金在彩票公司对面盖一幢楼，遮住照进彩票公司的阳光，让彩票公司的人生活在阴暗潮湿的环境中，楼盖了一半，金融危机爆发，律师所有的钱都打水漂了。

律师羞愤交加，生了一场重病，欠了一屁股债。因为生气，律师由一个百万富翁，最后成为一个身无分文的病秧子，丢掉了金钱，更丢掉了健康。

生气之后，会得到什么？医学工作者告诫人们生气有如下危害：

加速脑细胞衰老；

诱发胃溃疡；

造成人体心肌缺氧，诱发心脏病；

伤肝，诱发肝脏疾病；

引发甲亢；

损伤肺气；

损伤免疫系统，让身体抵抗力下降……

由此可见，生气除了得到情绪宣泄之后造成的烂摊了，我们什么也不会得到。很多人就是因为生气而画地为牢，把自己设限在一个气愤难耐的怪圈里，身陷其中、痛苦不堪，如果跳不出来，就可能走向一种恶性循环。其实，在生气之前我们可以暂时压抑自己一下，换一个念头来想，就可以帮助自己跳出生气所陷的困境。

仇恨的怒火，烧伤你自己

有一句生活哲言说得很好："生气是拿别人的错误来惩罚自己。"但是生活中，却有许多人不明白这个道理，在怒火中烧之下，为了泄愤，做出一些匪夷所思的事情来，到时候却又追悔莫及。

在英国曾经发生过这样一个案例。史蒂芬是英国中部城镇奥尔德姆的一名警察。一天晚上，他身着便装来到市中心的一间杂货店门前，准备到店里买包香烟。这时，店门外一个醉酒后的流浪汉向他要烟抽。史蒂芬感到很反感，于是两人发生了口角。

随着互相谩骂和嘲讽的升级，两人情绪逐渐激动。史蒂芬掏出了警官证和手铐说："如果你不放老实点，我就给你一些颜色看。"流浪汉反唇相讥："你这个混蛋警察，你有什么了不起的，看你能把我怎么样？"在言语的刺激下，二人扭打成一团。旁边的人赶紧将两人分开，劝他们不要为一支香烟而发那么大火。

被劝开后，流浪汉骂骂咧咧地向附近一条小路走去，边走边喊："自以为是的臭警察，有本事你来抓我呀！"史蒂芬刚好听到了他的叫喊，愤怒不已，冲过去拔出枪，朝流浪汉连开了四枪。流浪汉倒在了血泊中……

法庭以"故意杀人罪"判史蒂芬服刑30年。一个人死了，一个人下半辈子都要在狱中度过，起因只是一支香烟，罪魁是失控的激动情绪。

可见，控制不好情绪的后果有多么严重。盛怒之下做出的决定极有可能让自己处于被动的地位，怒火不但没有浇灭，反而越演越烈。宽容和博爱能够使人的心胸宽阔坦荡，而仇恨会使人永远陷于愤怒和狂暴的阴影里。

如果一个人不能彻底改变自己一触即"怒"的弊病，就好像是戴着枷锁和脚镣攀登山峰，不仅不会取得成功，还会有掉入万丈深渊之虞。耶稣说"爱你的敌人"，这种境界我们也许很难达到。但莎士比亚所谓"仇恨的怒火，将烧伤你自己"却是我们完全可以领会的。

化解无名怒火

很多时候很多情况下，我们每个人都面临生气发火的可能，那种按捺不住，那份尽快释放怒火的情绪，往往是想要一泻千里，一吐为快。但是熄灭怒火却比尽情释放怒火更智慧。怒火只会烧伤自己，要有意识学着让自己静下心，然后自己慢慢把怒火熄灭，也许再回过头来，我们会觉得自己的怒火发得不值，熄灭的正是时候，好心情是自己给自己的礼物。

那么，无名之火上来了，怎样才能控制或者淡化它呢？

第一种方法是呼吸放松法。当我们心情不愉快时，想要发火时，我们可以微微提起双肩，深深吸满一口气，当吸满时，迅速吐气并放下双肩。这样重复二三次，我们的怒火就可缓解许多。

第二种方法是转移注意力。我们盛怒难耐时，可以将注意力集中到一些自己喜欢的物品上。比如，看一部自己喜欢的影片，欣赏一段轻柔的音乐，或想想任何一件让你愉快的事情……转移注意力会让自己心情得到放松和调节，让自己尽快摆脱盛怒的纠缠。

总之，在生活中，每当你发脾气或在愤怒的情绪中工作时，你应该分析所有使你愤怒的原因，然后避免使自己暴露于那些痛苦之下，采取一些积极有效的措施来控制自己的情绪。

今天，你可以不生气

美国有一位社会问题专家曾经对1000名年轻的白领做过一项“一天你生多少次气”的跟踪调查。结果发现，10%的人会生8次以上的气，72.5%的人会生5次以上的气，10%的人会生2次以上的气，仅有7.5%的人表示一天之内自己不会生气，或者记不清自己曾经生过气。

从调查结果看来，生气似乎成了人们生活中的“必备品”。其实不然，只要稍加调整，你就可以发现今天自己原来可以不必生气的。

心情可以自己选择

我们不能选择每天经历的命运，但是每天的心情，我们可以自己选择和调控。是否生气，我们也可以做出选择。你选择戴上乐观的眼镜，你会看到世界处处鸟语花香；你选择戴上生气悲观失望的眼镜，你看到的世界将是一片狼藉，处处充满硝烟和灰色。

汤姆是一家餐厅的老板，这里的员工和顾客都很喜欢他，因为他总是有好心情。当别人问他最近过得怎么样时，他总是回答说："如果我再过得好一些，那我真的比双胞胎还幸运了！"

有个员工曾经问他："为什么你每天都那么积极乐观，你是怎么办到的？"

汤姆回答："每天早上我起来告诉自己，今天我有两种选择，一种是选择好心情，一种是选择坏心情。我又不笨，当然会选择好心情了。"

员工还是不理解，又问："如果遇到了烦心事呢？"

汤姆接着回答："生命就是一连串的选择，每个状况都是一个选择。如果遇到了烦心事，我会往积极的方面去想。"

不久，汤姆真的遇到麻烦了。有两个歹徒闯入餐厅抢劫，汤姆因此而受了伤，有一颗子弹将留在他的身体里。

汤姆的身体恢复后，员工又问他："中弹后，你还那么乐观吗，你害怕吗？"

汤姆笑了笑说："他们击中我之后，我躺在地板上。当时我有两个选择，或生或死，我当然选择活下去。把我推去手术室时，医生和护士的脸上充满了忧虑的神情，好像已经把我当成死人了。后来医生问我对什么东西过敏，我干脆地回答——子弹！结果医生和护士都笑了，轻松地为我做了手术，结果把我抢救了过来。"

◆◆◆

无独有偶，约翰·史密斯是全美最长寿的老人之一，活了116岁。有记者问他长寿的秘诀是什么的时候，约翰·史密斯答道："不生气。"记者接着问道："怎样才能不生气呢？"

约翰·史密斯笑着回答道："在生气逼近我的时候，我总是习惯逃遁，我选择不生气。天气阴晴我掌控不了，但是我可以选择自己的心情。"

可见，当坏情绪袭来的时候，你完全有能力选择躲避或淡化它，而不是让自己深陷其中。换句话说，心情是可以自己选择的。

盛怒爆发的时候，先冷静 30 秒钟

盛怒爆发的时候，我们应该适当采取一些积极有效的措施来控制自己的情绪。在遇到较强的情绪刺激时应强迫自己冷静下来，迅速分析一下事情的前因后果，再采取表达情绪或消除冲动的“缓兵之计”，尽量使自己不陷入冲动鲁莽、简单轻率的被动局面。

比如，当你被别人无聊地讽刺、嘲笑时，如果你顿显暴怒，反唇相讥，则很可能引起双方争执不下，怒火越烧越旺，自然于事无补。但如果此时你能提醒自己冷静一下，采取理智的对策，如用沉默为武器以示抗议，或只用寥寥数语正面表达自己受到伤害，指责对方无聊，对方反而会感到尴尬。

学校里的维塔斯瑞总是爱发脾气，因此经常惹祸。

有一天，维塔斯瑞生日的时候，父亲送给了他一个怀表计时器，父亲对他说：“你每次生气想要爆发的时候，请对着怀表默数 30 秒。”

维塔斯瑞按照父亲说的做了，后来生气的次数越来越少，到最后维塔斯瑞竟然成为学校里脾气最好的人。

工作和生活重压下的我们往往控制不住自己的脾气，不合自己的心意就会火冒三丈，于是，距离我们的最近的人往往成了我们的出气筒，我们总在不知不觉中伤害着他们，留下无法弥补的伤痕，并且让事情越发糟糕。

生气把我们变成一头愤怒的狮子，忘了自己的目标和方向，忘了理智分析，只剩下伤人的刀剑相向。解决这种问题的最好方式就是像维塔斯瑞一样——生气前先冷静 30 秒，想想自己为什么生气，值不值得生气，是不是有比生气发火更好的解决问题的方式。

不生气的秘诀

生活中的矛盾实在太多了，“诱惑”你生气的原因比比皆是，我们每天都能碰到不愉快的事。如果一个人常常为了一些鸡毛蒜皮的小事，就开始厌烦、生气，这样就不可能保持健康的情绪状态。 专家们为爱生气的人提供了一些“不生气的秘诀”。

首先，要消除生气的内因。不要自欺欺人认为自己是“不犯错先生”，不要认为自己在所有方面都最高明。有些爱生气的人就是害怕自己不如别人，想突出自己的努力和成就，但获得的往往都是痛心的失败，导致烦恼、不满、生闷气。不生气，就要虚怀若谷，降低自身的姿态，倾听别人的意见。

其次，要学会让步。许多爱生气的人总是固执己见、任性和自我。避免生气，就需要学会合理让步，这不仅对事情的发展和问题的解决有益处，而且也会赢得别人的好感和爱戴，最终使生气的因素荡然无存，还自己一个“太平世界”。

最后，学会逃避和倾诉。心里有不愉快的事，不要独自琢磨，暂时逃避一下是一个上上策，让时间去冲淡你生气的理由。如果你还要继续生气的话，不妨找个亲朋好友，乃至陌生人谈谈，这对你自己大有益处。

从生活的烦恼中跳出来

许多人都在抱怨自己的生活——

每天清晨被窗户外的汽车喇叭声吵醒；

地铁里拥挤的人群；

日益严重的城市污染；

日复一日、枯燥无味的工作和生活……

生活中，我们常因一些琐事而陷入烦恼之中，烦恼越积越多。

烦恼虽然只是一种情绪，但却具有强大的破坏力，人在烦恼时，意志力会变得薄弱，判断力、理解力都会降低，理智和自制力也容易丧失。

耗费生活精力的烦恼

我们的人生是短暂的，所以，生活中不要为一些鸡毛蒜皮、微不足道的烦恼而耿耿于怀，这些看似不起眼的小烦恼会极大地浪费你的时间、耗费你的精力，最后甚至会诱发恶性的后果。

在撒哈拉大沙漠中，有一只骆驼有气无力地向前走着，心情异常烦闷。装了一肚子委屈和怒火的骆驼踌躇着想要休息一下，但是，它的脚掌被一块小小的石头咯了一下，骆驼顿时爆发，它抬起脚狠狠地将坚硬的石头踢了出去，却不小心将脚掌划开了一道血口子，鲜血涌了出来。

因为这么一点小麻烦，骆驼更生气了，它见到路上有石块就报复性地踢上一脚，结果伤口越来越大，骆驼的身后留下了一串血迹，血迹引来了空中的秃鹫。它们在骆驼上方的天空中不停地嘶叫和盘旋着。骆驼心里一惊，不顾伤势狂奔起来。极速的跑动使伤口不断地撕裂，血也越流越多。

这个时候，浓重的血腥味儿又引来了附近的豺狗。豺狗越来越多，最后骆驼葬身沙漠之中。临死前，骆驼追悔莫及："我为什么跟一块小小的石头生气呢?"但是为时已晚。

骆驼眼中的小石头就像是我们生活中一个个不起眼的小烦恼，如果我们为了这一个个不起眼的小烦恼而耗费生命精力去纠缠的话，就得不偿失了，我们会因此丧失掉时间、精力，会失去快乐，会让自己变得孤僻、紧张和易怒。处在这种生存状态之下，我们就会将自己置于生活阴暗的角落里，暗无天日，与幸福绝缘。

从烦恼中突围出来

当我们被烦恼包围的时候，不能仅仅从事物本身寻找原因，更重要的是及时检查自己的态度，看看我们是否在用消极的态度对待困扰我们的烦恼。正如成功学大师拿破仑·希尔所说："我们怎么对待生活，生活就怎么对待我们。"

生活中，人们常常因一点小事、一些本该不屑一顾的小烦恼，弄得心烦意乱。要知道，我们生活在这个世界上只有短短的几十年，而我们浪费了很多不可能再补回来的时间，去为那些一个星期之内就会忘掉的小事发愁。我们应该从烦恼中突围出来，去做一些值得的事情，在做有意义的事的过程中将不愉快的烦恼琐事遗忘掉。

只要我们能够以一种平和的心态，去面对生活中的一些烦恼，那么，我们就会享受到生活本应有的快乐与幸福。学会看开、学会看淡、学会看远、学会看透、学会看准，运用你的智慧，就能顺利地从烦恼中突围出来。

其实，生活中的很多烦恼都是我们自己强加的，就好比“鸟笼效应”。

“鸟笼效应”的发现者是近代杰出的心理学家詹姆斯。詹姆斯退休后，有一天遇到了同样退休的好友——物理学家卡尔森。詹姆斯对好友说：“老朋友，你相不相信，不久之后你会养一只鸟。”卡尔森马上摇了摇头，说：“不可能，我从没养过鸟，也没兴趣。”

几天后，卡尔森的生日到了。詹姆森送上了一件精美的礼物——鸟笼。卡尔森很高兴，只当它是一件漂亮的工艺品。

可是此后，每当客人来访，看见书桌旁那只空荡荡的鸟笼，都会问他：“教授，你养的鸟死了吗?”时间一长，卡尔森实在懒得向客人解释，只好买了一只鸟来养。

这就是“鸟笼效应”。它告诉我们，生活中的一些烦恼，都只是因为外界的影响。就好像为了那个空空的鸟笼，而要去买一只鸟回来养，尽管自己是那么的不情愿。

PK掉烦恼的几种方法

烦恼无处不在，但是解决烦恼的方法却也有很多种，只要找到适合自己的方法，再多的烦恼也会迎刃而解的。下面就列举一二。

方法一：将烦恼囚禁在瓶子里。经常心生烦恼的人，可以特意准备一个小瓶子，每次烦恼袭来的时候，可以将自己的烦恼写在小纸条上，然后放在瓶子里密封起来，自己暗示自己：烦恼已经被囚禁起来了，现在没有什么能够羁绊自己的事情了。

等到烦恼盛满一个瓶子的时候，可以将所有记载烦恼的纸条打开，分类归纳一下，你就会惊奇地发现：原来这些烦恼并没有阻碍自己追求幸福的脚步，自己的那些烦恼只是庸人自扰罢了。

方法二：倾倒生活产生的烦恼垃圾。在自己烦恼难耐的时候，借助好友的力量来化解烦恼，向好友一吐积压在自己脑海中挥之不去的烦恼，两个人一起静下心来分析一下自己的烦恼，询问一下好友该如何解决眼下的烦恼。

也许你会发现，在你吐露自己烦恼的那一刹那，你的烦恼就消退了一大半，谈话结束后，呼吸一下外面的新鲜空气，自己的烦恼就会烟消云散的。

方法三：冰冻烦恼法。在烦恼袭来的时候，你还无法解决这个难题的时候，你可以视而不见听而不闻，不去想，不去处理，将烦恼迅速冰冻冷却。自己转而去处理其他事情，转移自己的注意力。相信过不了多久，时间会给你一个完美的解决方法，烦恼也会烟消云散了。

掌握自己的情绪周期

有时候会一连几天，我们会感觉到自己的情绪出现较大的起伏，变得易怒、焦躁、无精打采，对任何事都提不起兴趣来，甚至还出现肌肉无力的情形。这时候，你也许正处于情绪的低潮期，正经历着情绪周期的一个调整期。

所谓“情绪周期”，是指一个人的情绪高潮和低潮的交替过程所经历的时间。它反映人体内部的周期性张弛规律，亦称“情绪生物节律”。

人人都会有情绪周期

人人都会有情绪周期。因为人在出生的一刻起，便受到自然的影响，例如地球的自转、潮汐、日落、太阳黑子活动、气候温暖变化等，都会让人体产生规律性周期。情绪周期普遍存在于每个人。

我们的情绪周期就像是人生情感的晴雨表，我们可以据此安排好自己人生的节律。比如，情绪高涨、精神亢奋的时候，我们可以安排一些难度大、繁琐、棘手的任务去做，因为，在这个时候，我们在良好的情绪状态下迎接挑战可以淡化畏难情绪；在情绪低落时，我们会浑身乏力，这个时候就不要勉强自己，可以做些简单的工作，也可以放下手头上的事，出去走走散散心，努力控制自己的情绪，学会化解不良情绪，在困难的时候要大胆地去寻求心理上的支持，安全地渡过情绪危险期。

如果情绪低迷时还坚持做复杂而艰难的工作，不仅效率不高，还会增加失败意识，并严重打击自信心——在这个时期就要学会保守地处理问题，不逾矩。

知晓自己的情绪周期

掌握好自己的情绪周期，对于生活和工作会大有裨益。那么你的情绪周期是怎样的呢？

科学研究表明，人的情绪周期与生俱来，具有一定的规律性：从出生的那一天开始，一般 28 天为一个周期，周而复始。每个周期的前一半时间为“高潮期”，大约会持续 14 天左右，人体在高潮期的表现为：精力旺盛、不易得病、情绪高涨、乐观积极、思维敏捷、记忆力强；后一半时间为“低潮期”，一般为 11 至 12 天，低潮期的表现为：耐力下降、容易疲劳、心神烦躁、情绪低落、思维迟钝、记忆减退；在高潮与低潮之间，即由高潮向低潮或由低潮向高潮过渡的时间，称为“临界期”，一般是 2 至 3 天，临界期的特点是情绪不稳定，机体各方面的协调性能差，易发生事故，在临界期要格外注意情绪控制和人身安全，不要做长途的骑车旅行，不要做高危的运动。

人体的情绪周期性无形地制约着人体，经久不息，也就是人们常说的生物钟现象。每个人都一样，其实无需过分担心和焦虑的。

巧避情绪低潮和临界期

美国心理学家南迪·内森指出：一般人的一生平均有 3/10 的时间处于情绪

不佳的状态，每个人都不可避免地要与消极情绪做持久的斗争。在情绪的低潮和临界期，我们该怎样去做呢？

首先，我们要去多看事物的美好的一面。调节情绪与控制摄像机镜头的道理是一样的，如果我们总是把镜头对准污物，我们的记忆存储里就会留下肮脏和令人不快的画面；假如我们试着把镜头对准青草、花丛，我们的眼前就会呈现出春天欣欣向荣的景色。在情绪的低谷期，我们总是看积极的方面，就会产生乐观的情绪；如果总是看消极的方面，就会产生灰色的情绪，让自己原本不快的情绪雪上加霜。

其次，不要刻意追求事情的完美。现代人对自己和生活的要求越来越高，对环境的要求也越来越挑剔，这就导致自己不满的加重，在情绪低谷和调整期，我们就要克制自己对事物完美度的追求，豁达一些。

再次，在情绪低谷期，我们可以进行适当的情绪宣泄。比如，在无人处大喊一下，在 KTV 包房里高歌一曲，在舞厅尽情舞动一下，宣泄一下自己的不满，让自己负面的情绪尽情挥洒出来。

最后，转换一下自己的思维角度。埃及有一句俗语，“所有的绊脚石都是有用的垫脚石。”面前的困难、愤怒的因素、不快的事情等，只要我们换一种思路，也许就会发现积极的因素。比如，面对亲人的唠叨，自己即将抓狂，但是换一个思路来看，他们的唠叨是因为在乎你、关切你才引发的，自己应该多谅解、开导一下，化解了他们的唠叨，亲人间的亲密关系就更进一步了，这是双赢的结局。

远离是非和争论

张家长李家短，是非曲直的争论经常会充斥于我们生活的四周，让我们疲于应对，一不小心我们就会被拖入是非和争论的漩涡中去，到时候，四面楚歌，成为大家口诛笔伐的对象。

面对悠悠之口，你很难获胜，即使你侥幸赢得了一时的口舌之争，但也为自己埋下了一个潜在的敌人，在时机成熟的时候，你的敌人会对你加倍报复。从这一点上来说，在是非争论中，永远没有最后的赢家。

切忌逞口舌之快

富兰克林曾经说过："如果你辩论、争强，你或许会获得胜利，但这种胜利是得不偿失的，因为你永远无法得到对方的好感。"

一次采购项目的谈判中，甲方为了争取谈判的主动权，想要在气势上压倒对方，一上来就大谈对方公司业绩下滑，向乙方发起了猛烈攻势。乙方的谈判代表心里非常不高兴，但仍然耐心地给予解释。

不过，甲方不依不饶，粗鲁地打断对方，说对方避重就轻，依旧继续追问。而且，甲方似乎越说越起劲儿，好像是在辩论一样纠缠不休。就这样，乙方实在忍无可忍，愤然宣布退出谈判。结果，谈判无疾而终，甲、乙双方都空手而归。

为了逞一时之快，甲方把一场完全可以双赢的谈判，演变成了一个“辩论会”——千方百计地刁难对方，试图打垮对方，结果却适得其反。

事实上，嘴上占了上风并不代表你就成功了。别人不会因为你的“伶牙俐齿”就钦佩你，反而会因为你的不识抬举、不懂礼貌而远离你。尤其是在两个人发生矛盾时，更不要为了逞口舌之快，争论不休。因为这不仅对自己毫无益处，甚至有时还会适得其反，弄得两败俱伤。终有一天，你会自食恶果，遭来对方的攻击和报复。

因此，如果你是一个争强好胜的人，那么就请尽量克制自己的这种个性，收起你的咄咄逼人。对于别人的建议或指责，你也不妨站在他们的立场上考虑一下，也许对方的观点才是正确的。

解决是非和争论的绝佳方式——装糊涂

有一天晚上，史蒂文斯参加一次盛大的学术庆功晚宴。宴席中，坐在史蒂文斯右边的一位先生讲了一段自以为很经典的幽默笑话，并引用了一句话，意思是“尽心去做，听天由命”。这位先生说那句话出自《圣经》，但他错了。史蒂文斯知道正确的出处，于是，很不耐烦地纠正他。

那位自以为是的先生立刻反唇相讥：“什么？出自但丁的《神曲》？你开玩笑吧?我看《神曲》不下五遍，我怎么没有发现呢？我看你最好去学校再复习一遍吧……”现场哄堂大笑。

史蒂文斯勃然大怒，他想马上上台去反驳那位自以为是的先生，但是史蒂文斯的老朋友温格拉住了他，使眼色，让他闭嘴。

在回来的路上，史蒂文斯埋怨温格制止他去教训那个自以为是的家伙。温格笑着说：“我也知道那句话出自《神曲》，但是你知道那个自以为是的家伙是谁吗？他是你顶头上司的父亲，在这种场合下，你应该学会装糊涂。”史蒂文斯暗道庆幸。

解决是非和争论的最佳方式是缄默或装糊涂，相信许多人都知道“尽心去做，听天由命”出自《神曲》，而非《圣经》，但是大多数人选择了像温格一样保持缄默和装糊涂，这样既保全了自己陷入是非曲直争论的漩涡，又顾全了自以为是的演讲者的面子，避免此人恼羞成怒反过头来“咬”自己一口。

生活是一门学问，当黑和白、是非曲直混在一起的时候，你想要分清黑白和对错，几乎是不可能的，这个时候，你就要学会退避三舍和装糊涂了。

是非和争论袭来——攻心为上

孙某和曹某是一对好朋友，两人无话不谈，在别人眼中，两人好像亲姐妹一般。

但是有一天，孙某收到一好友的短信，称曹某背着她说她的坏话。孙某非常恼火，便立即打电话向曹某询问情况，两人由一般的争执，演变成一场电话骂战。

这个时候，在一旁的孙某的男友沈某也加入进来，怒火中烧的双方便相约在一家空旷的汽车修理厂“做个了断”。沈某邀了9人，买了18把锹把作为斗殴工具。

来到约战地点，双方展开“激战”。双方“激战”的结果是，致残四人，重伤五人。惹起事端的孙某和曹某锒铛入狱。

是非和争论像旋涡一样，我们一不小心就会陷入旋涡之中，难以全身而退，最后遍体鳞伤。在面对是非和争论的时候，首先要自己衡量一下：你宁愿要一种字面上的、表面上的胜利，还是别人对你的好感？避免是非争论的最好办法就是远离它，在说服不了对方的时候，选择冷处理。

当是非和争论向你袭来，身处旋涡之中，避之不及的时候，需要选择的就是“攻心为上”的战术。林肯曾经说过：“任何决心有所成就的人，决不会在私人争执上耗精力，争执的后果，不是他所能承担得起的。与其跟狗争道，被它咬一口，不如让它先走。因为，就算宰了它，也治不好你的咬伤。

此时的你就要学会‘攻心为上’，消弭对手的怒气，争取双赢的结局。”

攻心为上，需要注意以下两点：

第一，找准对方的关注点。首先要明白对方关注的是什么——是面子的问题，就给对方一个台阶下，可以暂时忍辱负重，放低自己的姿态，让对方感受到你的诚意；是利益问题，就适当让一下步，在不损害自己根本利益的前提下，和对方达成妥协。

第二，表达自己的善意。与其怒火对怒火，火上浇油，不如暂且忍让，笑脸相迎，让对方感受到你的善意，缓解紧张的气氛。实在有解不开的心结，两人可以心平气和坐下来谈，一壶香茗，几句知心话，矛盾就会烟消云散。

换位要到位

我们都知道一种化解矛盾的方法，就是换位思考，但是在实际生活当中，又有几个人能够真正做到换位思考呢？举个例子来说，当自己的孩子在外面打架，浑身是伤地回来，我们肯定会火冒三丈，在心疼自己孩子的同时，想要为自己的孩子报仇，殊不知，和自己孩子打架的另外一个孩子受到的伤害更严重。

换位思考是一种高尚的心理体验过程，是设身处地为他人着想，即想人所想，理解至上的一种处理人际关系的思考方式。人与人之间要互相理解，信任，并且要学会换位思考，这是人与人之间交往的基础：互相宽容、理解，多去站在别人的角度上思考。

不要只活在自己的世界里

任何人都不可能脱离社会而存在，我们每天都会接触不同的人，如果活在自己的世界里，不考虑别人的感受和想法，人就会变得孤僻和自私，久而久之就会养成乖戾、自私的性格，最后所得到的就会是众叛亲离、失道寡助。

大学生刘某伤熊的事件曾经在社会上引起强烈的反响。刘某的智商并不低，学习一直很刻苦，成绩很好。但是刘某的性格却是比较孤僻的，他在学校里几乎没有一个朋友，同学们提起他都是比较一致的评价——刘某比较自我，很难与别人相处，经常因为一些鸡毛蒜皮的小事与同学闹矛盾。

刘某大学期间，从书上看到熊的嗅觉特灵敏，就突发奇想，想试一下熊对于强烈腐蚀物品的反应，刘某第一次用火碱没看到熊的反应，一个月后刘某竟然用硫酸来试验一下熊的反应，结果被动物园管理人员当场抓获。刘某事后的供词是："我没想到后果这么严重。当时看到熊那么痛苦，我心里也慌了。"

刘某作为一名大学生，当然知道硫酸具有强烈的腐蚀性，会让肌体痛苦不堪，但是生活在自我世界里的刘某却不会换位思考，在他的脑海中是这样想的——硫酸是泼在熊身上，我不会痛苦的。刘某不能脱离自我封闭的世界，最终落得锒铛入狱的结果。

脱离社会，一个人的世界就是孤独的，就好比把自己的心关在笼子里，容不下外面的芸芸众生，也得不到大自然的净化。只有与社会融为一体，与他人共享快乐与悲伤，你才能更多地体验生活，才能在对比中进步。

假设你是对方

一位老先生乘坐火车，坐在前面的年轻女士起身给老人家让座，自己却站了两个小时。

老先生后来向她道谢，女士说："您不要客气，我只是希望像您这样年纪的时候，也有人为我让座。"

从这件事例上来看，其实换位思考很简单，就是将你假设成对方，与对方之间建立起互相理解的桥梁。换位思考是人与人之间交往的基础——互相宽容、理解，多去站在别人的角度上思考。

换位思考其实很简单，就是将心比心，设身处地为别人着想，它客观上要求我们将自己的内心世界，如情感体验、思维方式、内心感觉与对方联系起来，站在对方的立场上体验和思考问题，从而与对方在情感上得到沟通，为增进理解奠定基础。换位思考既是一种理解，更是一种关爱！

在与他人发生矛盾的时候，要试着站在对方的角度去思考问题，假设你是他/她，遇到这件事情之后的心里是如何想的，预判一下他/她的反应，进而去采取行动，或弥补自己的过失，或深入对方心中解开对方的心结，让两人之间的关系重新融洽起来。

有时候，换位思考也是一种智慧。

有一位盲人深夜出门，手里提着一盏明晃晃的灯笼。路过的人都很迷惑，为什么一个盲人要提灯笼呢？一个小孩子忍不住上前问道："叔叔，你眼睛看不见，提灯笼有什么用？"

盲人认真地回答："这个灯笼大有用处。就因为我看不见你们，所以才需要这盏灯笼给你们做提示，免得你们在黑暗中看不见我是个盲人，把我撞倒了。"

路人们这才明白，盲人的举动并非多此一举，而是大智慧的体现，而这种智慧，恰恰是换位思考出来的智慧。

换位思考，感知对方的心

换位思考要切实到位，要设身处地为对方着想，细心敏锐地感知对方的心。

换位思考，要注意对方的轻微表情变化，学会察言观色，审视自己的言行是否给对方带来了不便或者伤害，以此来展开自己的下一步行动。

换位思考要做到己所不欲勿施于人，就是用自己的心推及别人，自己希望怎样生活，就想到别人也会希望怎样生活；自己不愿意别人怎样对待自己，就不要那样对待别人；自己希望在社会上能站得住，能通达，也就帮助别人站得住。中国人常说的将心比心，设身处地为别人想一想也正是这个意思。

当自己面对一个蛮不讲理的人，自己实在无法忍耐对方的时候，也需要换位思考，你要明白，世界上存在不同的人，每个人的世界观、价值观都不尽相同，每个人对于事物的感知反应也是不同的，你需要做的就是婉转地把自己的想法说出来，寻求与对方的共同点。

换位思考是一种美德，与人为善，相互支持，是爱心的体现，也是一种生活的实用智慧。

让生活和工作变得轻松起来

在现实生活中，许多人都在悲叹自己生活的不堪重负——高昂的房价让自己需要奋斗100年，在不吃不喝的前提下才能在心仪的城市买到一所房子；对自己的长相、身高、体形不满，每次照镜子都会有一种“自杀”的冲动，觉得自己好像背负着“丑陋的皮囊”，生活一点色彩都没有；自己的感情生活非常不顺心，喜欢自己的瞧不上，瞧上眼的名花有主，自己的感情生活困难重重……

生活本是多姿多彩的，可是许多人将自己的生活人为地蒙上一层阴影，看不到生活的本来面目，让自己在“苦海”中挣扎和反复。其实，这大可不必。

我们的生活为什么举步维艰

许多人都在悲叹生活压力重重和命运的不公，但是却很少有人去冷静地分析自己的生活为什么会举步维艰——是房子？是车子？是永远挣不完的票子？还是……

其实，分析到底，让我们生活举步维艰的源头却是我们灰色的内心。

哈斯勒姆在工作中失去了一只胳膊，从那以后他就一直承受着疼痛的折磨和别人的歧视。哈斯勒姆觉得自己失去了生活的希望，自己的生活变得困难重重。哈斯勒姆天天忍受着内心的煎熬，他变得易怒和敏感起来——因为觉得妻子的不够体贴而生气，因为老板对他不公生气，因为感觉陌生人刻意看他空荡荡的左臂而生气……

哈斯勒姆把自己封闭起来。他大多数时间都待在家里，不回复朋友的电话，一天到晚为自己的不幸生活而郁郁寡欢。最终，哈斯勒姆的妻子离开了他，老板解雇了他，朋友们疏远了他，甚至连街上的陌生人都对他避之不及。

哈斯勒姆临死的时候，牧师来给他做祷告。哈斯勒姆用仅剩的右臂抓住牧师的手埋怨生活的不公，诉说他失掉一只左臂后的悲惨遭遇。

牧师抚摸着哈斯勒姆的脑袋说："你不仅仅失去了你的左臂，你失掉的是生活的色彩，你的眼睛里只剩下黑色的愤怒了……" 哈斯勒姆若有所思，但悔之晚矣。

生活本来应该是多姿多彩的，但是有时候，我们不平衡的心态会让我们对生活的理解陷入一种偏颇怪圈中难以自拔，会认为生活陷入了困境，举步维艰，已经没有办法从麻烦中逃离出去了。其实，世界还是那个世界，生活还是那个生活，这一切都是因为我们的心态发生了变化，才会让我们自以为眼前的生活陷入了泥潭，其实只要我们换一种思路，也许我们会发现，我们的生活其实还是依然那么多姿多彩。

工作也是快乐生活的一部分

工作对于你来说是什么？有的人认为是挣钱的活计，有的人认为实现人生理想的台阶，但其实，工作也是我们快乐生活的一部分，像是游戏，像是战斗，像是旅行，像是煎熬……这就是实实在在的工作，实实在在的生活。

但工作并不是死板机械的劳作，它也需要有激情和乐趣，而这种激情和乐趣需要我们调整自己的心态，需要凭借我们自己的力量去注入。

一位心理学家曾经做过一个实验：他来到一所正在建筑中的大教堂，对正在忙碌的敲石工人进行了访问。

心理学家找到了一位工人，问："先生，你在做什么？"这个工人不耐烦地回答："你没看到吗？我正在用这个沉重的铁锤来敲碎这些该死的石头。这些石头硬得要命，害得我的手始终是酸麻的，这真不是人干的工作！"

心理学家又找到了一位工人，问了同样的问题。这位工人无奈地回答："要不是为了每天500元的工资，为了养活一家人，我才不愿意干这份敲石头的粗活呢！"

心理学家最后问第三位工人这个问题。这个工人眼光中闪烁着激情和喜悦的神采，回答道："我正在参与兴建这座雄伟华丽的大教堂。据说它落成之后，可以容纳五百多人来做礼拜。当然这个工作真是不轻松，不过只要我一想到将来会有无数的人来到这儿，赞赏这座教堂的雄伟富丽，我就兴奋不已。"

同样的问题，不同的答案；同样的工作，不同的心境。如果你也能像第三位工人那样，把工作想象成你的最爱，想象着你每天都在做着你疯狂热爱的事情，一刻也不肯离开它。那么，你将会逐渐体会到，工作变得轻松快乐了，而你的工作效率也随之提高了。

不钻牛角尖，生活自然轻松

日本一家报社曾经刊载了这样一则新闻：新泻县有一位太太要她先生回家时，顺便买一瓶葡萄酒，但是先生忘记买，太太很生气，两人就起了口角，结果太太因此而自杀身亡了。

乍听之下，这则故事不禁让人觉得匪夷所思，怎么会为了一瓶不起眼的葡萄酒就自杀呢？不喝不就完了？

这件事应该不至于那么严重，丈夫只要说声："对不起，明天再去买。"只要妻子不那么在意，事情就可以解决了。这对夫妻生活的心态出了问题，两个人钻起了牛角尖才导致了悲剧的发生。新闻中介绍，其实两人感情一直不错，但是仅仅因为一瓶葡萄酒，妻子就觉得丈夫对自己太漠不关心了，就觉得嫁给这个丈夫实在很窝囊，心理也不能平衡，钻起了牛角尖，想想活着实在没意思，结果就自杀了。其实，她如果能和丈夫好好地沟通一下，而不是钻牛角尖地认为丈夫不买葡萄酒就表示对她不关心，那么她就不会自杀了，那个本来幸福的家庭不至于破碎。

我们怎样才能拥有快乐的生活呢？意大利婚姻专家米兰达尼给了一个忠告："不钻牛角尖，生活自然轻松。"在面对生活的困难时，我们要想到积极的一面。例如，没钱买房子，但我们可以先租房子住；自己长相不漂亮，但是自己四肢健全，拥有着健康的身体；自己感情生活不顺，其实单身生活也是多姿多彩、自由自在的，假以时日一定能够得到完美的爱情和婚姻……

适时地大哭一场

哭，是人类生理情绪的一种表达或表露，亦是人类表达情感的一种方式。哭对人的心理还有保护作用的一面，从这一点上来说，哭还对人体起着保护的作用。

哭，并不代表示弱，相反，哭在让自己获得情绪宣泄的同时，能够让情绪得到调整和平复，借以思考下一步的思路，总结经验和教训，为将来做好准备。

与其坐等崩溃，不妨大哭一场

古代罗马著名角斗士马提诺斯就是一个爱哭的家伙，在严酷的训练、惨烈的比赛间隙，马提诺斯都会在自己的房间内号啕大哭，借以释放自己的压力和情绪。

在角斗场上，马提诺斯却是一个不折不扣的勇士，无论面对数倍于己的敌人还是面对高大威猛的壮汉，马提诺斯都毫不退缩。古罗马人戏称马提诺斯的角斗士王者之冠是“哭出来的”。

马提诺斯不仅仅是一个勇夫，更是一个智者，他知道用“痛哭”来化解自己的心理负面情绪，通过哭泣来化解自己的痛苦、胆怯和精神压力，避免自己的负面情绪堆积，影响自己的训练和比赛。强烈的负性情绪的堆积会造成心理上的高度紧张，而当这种紧张被你压抑下去得不到释放时，势必成为一种积累待发的能量，引起人体神经系统功能的紊乱，久而久之，会造成身心健康的损害，促成某些疾病的发生与恶化。从这点来说，在面对负面情绪时，哭泣还是一种必需的行为。

早在 20 世纪 20 年代初，一些国家的科学家就发现，人的泪水中含有一种溶菌酶的化学物质，它具有杀灭病菌的功能。同时，心理学家们也认为，人们在极度痛苦或过于悲痛时，痛痛快快哭上一场，会产生积极的心理效应，人在悲痛时流的眼泪和伤风感冒及风沙入眼时流的眼泪，其化学成分有细微的不同，人在精神紧张和痛苦的时候，眼睛里流出来的泪包含有释放压力的“酶”。

造物主是神奇的，人类的哭泣并不是因为苦恼而哭，而是为了摆脱苦恼。换句话说，哭泣重启了我们的情绪开关。因此，在压力、悲伤袭来的时候，与其坐等崩溃，不妨放开自己，在没人的地方大哭一场，这样对自己而言反而是一种“上上策”。

哭泣也是一门学问

眼泪，是情绪的宣泄，更是压力的一种重要的缓解方式。想哭而强忍着不哭，容易导致忧郁症，并且危害生理健康。当坏情绪来袭，可以让这些坏情绪随着眼泪一起解放，也重塑一个健康向上的自己。但是你知道吗？哭泣也是有技巧的。美国著名心理学家给出了一个高效的“哭泣”方法：

首先，哭泣的时候，最好寻找一个隐秘的空间，这样可以让自己的哭泣放得开，也能让自己精神放松。

第二，注意自己的哭泣姿势。找一个柔软舒适的座位，舒服地坐下，将手放在胸前锁骨的上方。

第三，注意自己的呼吸方式。呼吸要均匀有力，可以急促地出声吸吐气，发出像婴儿的哭泣声，仔细倾听其中的哀伤，感染自己。

第四，如果自己还不能迅速进入角色，可以回想伤心往事，允许自己流露软弱。让自己的负面情绪迅速、干净、有效地迸发出来。

第五，弄明白什么时候该哭泣。当自己的太阳穴隐隐作痛的时候，应该就是压力累积过多，需要进行哭泣的时候，这个时候，你就可以告诉自己："嗯，是时候该哭一场了！"

假装拥有好情绪

快节奏的现代生活方式和较大的工作压力经常会使我们身心疲惫，不堪重负，心情也常随之低落到冰点。萦绕在我们身边的就业问题、通货膨胀、住房紧张、医疗问题……

许多事情我们无法改变，但好心情也要随之而消失吗？当然不是，即使那些没有头绪的问题使你焦头烂额的时候，你依然要保持好情绪。即使你不能强颜欢笑，但起码要暗示自己，我每天都有好情绪。

暗示自己，假装拥有良好的情绪，说不定，在你心情低谷的时候，好运真的会源源不断向你“袭来”，让你应接不暇。

假装拥有好心情

失业者张含笑在短短一年之内先后经历了——儿子大学落榜、妻子患重病住院、家中被盗、在做临时工时被机器压伤手臂……

如此倒霉的经历，正常人肯定会觉得自己的日子已经没法过了。但是，张含笑依然很快乐，每天都是笑呵呵的。

当大家问他怎么能保持每天快乐的时候，他说："其实，我的很多快乐都是假装的。我是一家之主，我不能垮掉，也不敢垮掉，我就假装快乐。后来我发现，假装快乐也是可以让人感到快乐的。我现在才发现，父母给我起的名字真是太睿智了——笑是免费的，假装快乐不用花一分钱，但它们却能伴随我渡过许多难关。"

人类的身体和心理是有机的统一体，它们相互影响、相互作用。人们的情绪会反映在各自的面部表情或肢体语言上，当你心情愉悦的时候，全身处于放松状态，微笑一下，人就会精神倍增。人们面部表情或肢体语言的改变也会影响情绪的变化——像张含笑一样，生活要始终"含笑"，在心情沮丧的时候对着镜子笑一笑，你就会惊奇地发现愉快的分子开始就此释放，整个人都开始快乐起来，假装拥有好心情，快乐将会马上拜访你。

快乐也会弄假成真

心理学家推崇在境况糟糕、心情低落的时候，人们需要"诱导快乐"，通过"表演自我"，将调整而得的最佳身心状态"诱导"出来，所以，人们在生活和工作的同时还需要好好修炼自己的情绪。假装快乐和表演自我不意味着虚伪做作，而是借脸部及身体表现出积极情绪状态，如微笑、做一些舒展放松的动作和长吁一口气等，把积极信号反馈回大脑，诱发出真实的情绪感觉。大脑在接收积极的情绪信号后，大多在无意识的状态下，反馈给人体积极的信号，这时候"假装快乐"，大多会弄假成真。

因此，情绪不仅需要修炼，还要学会演绎。也就是说，有时候我们可以约束所谓的"真实自我"，将我们的"表演自我"请出来。当然，情绪表演并不等于虚伪做作，这只是一种积极寻找快乐的手段。

诱导快乐的技巧

诱导快乐一般有两种技巧，分别为“行为获得法”和“定型快乐法”。

行为获得法：情绪压抑者可以尝试练习“快乐功”——在合适的地方，先长吁一口气，把自己的不愉快全都呼出去，然后吸入新鲜的空气，反复几次，让自己全身放松；然后身体先站直，然后身体前屈90度，再后仰10度，并配合喊出“哈哈哈哈”的声音，动作和声音力求夸张，连做6次，前后对比就会有不同感受——快乐不自觉地围绕在你的身边了。

定型快乐法：在不开心的时候，泡一杯茗茶，呼吸着茶香，静下心闭上眼睛，在大脑中回忆自己以前在生活中开心的事和心情，把它们如同幻灯片一样在脑海中“播放一遍”，然后暗示自己——“啊，生活其实挺美好的，不开心只是暂时的，瞧瞧刚才我脑海中全是开心的事情。”

第三篇

养肺——开阔胸襟

- 以内养外：长舒一口气
- 轻易别说“你不对”
- 过去的，就让它过去吧
- 度量有多大，事业就有多大
- 宽恕别人，就是释放自己
- 没有百分之百的公平
- 有胸襟，才有人脉
- 你的面子真的那么重要吗
- 原谅比指责更有效
- 吃亏是福

以内养外：长舒一口气

中医将肺比喻为“华盖”，华盖原是古代帝王所乘车子的伞形遮蔽物。可见肺的位置最高，居于诸脏腑之首。中医认为，肺主气，即全身的气均由肺来主持和管理。

这一点很好理解，从现代医学的角度上说，肺与呼吸功能有关。人体时时刻刻都在不断地进行着新陈代谢，一方面要消耗大量的清气，同时又不断地产生大量的浊气。清气需不断地进入体内，浊气需不断地排出体外，都要依靠肺的生理功能。

同时，肺与人的胸襟气度有着密切的联系。肺气虚的人都有一个共同点，那就是爱哭、任性、遇事总是钻牛角尖，胸襟自然不会开阔。

肺主一身之气

《黄帝内经》中说：“肺者，相傅之官，治节出焉。”“相傅”的意思就是辅佐、协助，即肺对心脏有协助作用；“治节”指的是“治理”、“调节”。也就是说，人体的各种生理功能，都需要肺来帮助完成，因为肺主一身之气。

肺主气，是指肺有主持、调节全身各脏腑之气的功能。首先，肺吸入的清气与脾胃运化的水谷精气相结合，生成了人体所需要的能量。同时，肺对全身气机具有调节作用。肺有节律的呼吸，对全身之气的升降、出入具有重要的调节作用。因此，肺的功能如果出现异常，就会影响能量的生成和全身气机的升降出入，表现为气短、声低、乏力等。

肺主宣发和肃降。宣发是指由于肺气的推动，使气血津液得以输送到全身，以滋养全身的脏腑组织。肃降是指肺气向下通降和使呼吸道保持洁净的作用。也就是说，肺气以清肃下降为顺，通过肺气的肃降作用，保证气和津液的输布，使之下行，才能保证水液的运行并下达于膀胱而使小便通利。如果肺的宣发和肃降功能出现异常，气血的运行就会受阻，从而容易使人陷入悲伤，顾影自怜起来。

《红楼梦》中的林黛玉患有严重的肺病，因而十分爱哭，也经常使小性，遇到问题就钻牛角尖。最终，肺病使她的这种性情越发强烈，而这种性情又使她的病愈加严重。可见，肺不好的人，气度自然不会大。

养肺首先要顺肺气

肺功能正常，气道就会通畅，呼吸就会正常自如，人的宣发和肃降就能正常运行。气机没有受到阻碍，胸襟自然就会开阔。因此，如果你的性格越来越像林黛玉，那么就要考虑是不是自己的肺出现了问题，注意养肺了。

养肺其实很简单，比如经常做扩胸运动；遇到情志不畅的时候长舒一口气或深呼吸几次。

同时，养肺的关键在于，生活中遇到不如意的事，不要钻牛角尖，要学会自我开解、自我解压。要保持内心宁静，培养乐观情绪。

《黄帝内经》中曾提到：“悲伤肺”，意思是如果人过分忧伤、悲哀，就会严重损伤人体肺的功能。比如人在非常悲哀时，会出现呼吸频率加快、干咳、气短、音哑等症状。因此，情志舒畅、心胸开阔是养肺的基础和关键。

轻易别说“你不对”

孟子曾经说过：“人之患，在好为人师。”人都会有一种“阴暗”的心理，希望能从纠正别人的错误中获得乐趣，这是人之常情。但是被人指出自己的错误，大概没有人会觉得是一件高兴的事情。

人人都想被别人肯定，人人都想获得别人的尊重，人人都想收获赞美和同情。所以当你说“你不对”之后，你和对方的关系便立刻陷入了僵持，合作的桥梁被阻断了，争论从此开始，到最后，你和对方收获的就极有可能是不欢而散或充满敌意的“硝烟”。

“你不对”有时没必要说出口

彬彬有礼的英王爱德华八世为了招待某部落酋长，在伦敦举行了一场盛大的欢迎晚宴。在宴会快要结束时，英王的侍者为每一位客人端来了洗手盘。

客人们看到那精巧的银制器皿里盛着亮晶晶的水，大为开心，不习惯喝葡萄酒的客人们端起洗手水来一饮而尽。

英国贵族们对此压抑着自己的笑容，窃窃私语。为避免尴尬，爱德华八世神色自若，一边与众人谈笑风生，一边也端起自己面前的洗手水，像客人那样“自然而得体”地一饮而尽。英国贵族们见状纷纷效仿，本来要造成的难堪顷刻化解。

爱德华八世很好地处理了“你不对”的问题，在纠正客人和容忍客人之间，他选择了后者。如果轻易脱口而出说客人“你不对”，这样会让客人们颜面扫地，轻则让宴会不欢而散，重则会引起外交纠纷。爱德华八世的胸怀大度和善于理解别人，化解了一场尴尬的外交困局。

明代嘉庆年间，“给事官”李乐清廉正直。有一次，他发现科考舞弊，立即写奏章给皇帝，哪知皇帝对此事不予理睬。于是，李乐没完没了地上奏，结果把皇帝惹火了，以“故意揭短罪”在李乐的嘴巴上贴上了封条，并规定谁也不准去揭。

这时，旁边走出一个官员，大声责骂李乐：“君前多言，罪有应得！”一边大骂，一边叭叭地打了李乐两记耳光，当即把封条打破了。

由于他是帮助皇帝责骂李乐，皇帝当然不好怪罪。其实，这个人是在帮助李乐，他的“曲”意逢迎，巧妙地救下了李乐。

因此，如果你的朋友有缺点或做错了事，我们又没有办法回避，就一定要采取委婉含蓄的说法，淡化矛盾，以免发生冲突。

警惕他人自尊的堡垒

一个商人无意中看到路旁有一个衣衫褴褛的铅笔推销员，出于怜悯，塞给那人五块钱。不一会儿，商人感觉自己的做法不妥，于是又返回来向推销员取了几支铅笔，并抱歉地解释：“对不起，刚才忘拿走笔了。你跟我都是商人，你也有东西要卖。”

几个月后，商人和推销员再次相遇。不同的是，卖铅笔的推销员已变成了经销商，他充满感激地对商人说：“谢谢您，您给了我自尊，是您告诉了我，我是个商人。”

商人的几句话让铅笔推销员从乞丐的自卑中解脱出来，自信地踏上经商之路。可见，尊重别人是一种美德，它会赢得认同、欣赏和合作。

很多人都把自尊看成是最重要的东西，因此在指正别人的错误时，一定要懂得换位思考，尊重他们。不要主观地认为别人应该怎样，而是应该揣摩对方的心理。如果随意指出别人的错误，很有可能伤人害己。

比如在工作中，大庭广众之下，你看到老板犯了一个错误，如果你贸然地指出错误，老板一定会觉得丢了面子，虽然你是好心，但是你“好为人师”的想法触犯了老板的尊严，属于你自己的倒霉就会不期而至。因此，在你指正别人，需要特别谨慎，否则就会给自己埋下祸根。

在指正对方错误的时候，以下场合，需要格外谨慎——

在对方配偶或恋人在场的情况下；

在对方下属或对方领导在场的情况下；

在严肃的会议场所；

在对方不开心或愤怒的情况下；

在对方兴高采烈地欢庆自己某项杰作的情况下……

日常生活中，一些人是所谓的“直肠子”、“一根筋”性格，为人处世“碰倒南墙不回头”，十头公牛也拉不回来。这样的人最该学点迂回术，遇到不宜直言的问题就运用智慧，巧妙地去回避它。

如何指出别人的错误

在指出别人错误的时候，首先要明确的是：如何保存别人的颜面比指出别人的错误更为重要。在这个原则的前提下，再思考如何指出别人的不对。

第一，当别人“不对时”，要大事轻说，中事重说，小事不说。

第二，学会对事不对人。多用客观事实，少用推论，禁止攻击对方的人格或思考方法。

第三，采用暗示的技巧。不必直接指出对方的错误，但却要设法 对方发现自己的错误。当你发现对方的错误时，用一种商讨的、温和的语调陈述你自己的看法，而让其主动认识到自己的不足。

第四，私下里讨论，比大庭广众之下效果会更好。

过去的，就让它过去吧

在这个世界上，世事繁杂，纷纷攘攘，难免有磕有撞，会发生一些不愉快的事情。人与人之间的关系同样也是微妙的，常常会因为一些事情，造成人际关系紧张，给自己带来伤害，这都会在我们记忆中留下阴影。但是，如果凡事斤斤计较，将过去对自己的伤害留存心间，其结果只会是更深地伤害自己。

在生活中，我们应该学会选择性遗忘，学会忽略一些东西，比如一些尴尬、难过的经历，比如别人对自己的恶意评价，或者一些失败的经历等。忘记这些，就是为了腾出更多的记忆空间来装载数不清的快乐。

让心情流动起来

生活中，我们经常会遇到这样或那样的不顺心的事，如被别人奚落、考试名落孙山、丢失喜爱的物品等。如果这时我们停滞自己的心情，反复去思考这些不愉快的事情，不仅对事情无益，更会使自己情绪消沉，甚至会出现心理疾病。

如果这时我们能让自己的心情流动起来，调整自己看问题的角度，改变一下思维方式，就会使那些不顺心的事顷刻之间烟消云散，从而感到生活处处充满阳光。

中医认为："静则生阴，动则生阳。"只有让心情流动起来，让生命流动起来，生活中才会处处充满阳光。时间是流动的，人的心情也应该流动起来。过去发生一些不愉快的事情，就应该学会遗忘和"删除"。如果停留在过去的不愉快中，就会让自己的情绪在愤恨中"停滞"下来，长期郁闷就会生病，只有动起来才能"生阳"，诞生新的活力，"生产"快乐和幸福。

过去的事应选择记忆

两个从小相依为命的朋友杰瑞和汤姆已经四五天没吃到食物了。有一天，他们打到了一只狍子，依靠狍子肉他们又艰难地度过了几天。仅剩下的一点狍子肉背在杰瑞身上，两个人饿得头昏眼花。

在两个人饥饿难忍的时候，这时只听见一声枪响，杰瑞中了一枪，幸亏是在肩膀。汤姆惶恐地跑了过来，他害怕得语无伦次，抱着杰瑞泪流不止，赶忙包扎好杰瑞的伤口。

一晃，事情过去了四十多年，谈及此事，汤姆问杰瑞知道当时开枪的人是谁吗？杰瑞对汤姆说："我知道是你，在你抱住我的时候，我碰到了你发热的枪管，但当晚我只记下我们幼年时共同的快乐记忆，忘记了你朝我开枪这件事，原谅了你。这一次遗忘，让我又赢得了你四十多年的友情和四十年来你带给我的快乐……"

让快乐长存心间，就需要选择记忆。杰瑞选择记住他和汤姆的过往的友谊，忘记了暂时的不快，于是他们之间的友谊和快乐又得以延续40年。40年的快乐和一天的不快相比，前者的分量要远远重于后者。

杰瑞选择了忘记后者，赢得了快乐，避免自己在以后的生活中背负着怨恨的枷锁。要想做一个成功者，首先要具备宽广的胸怀和善于取舍的智慧，在取舍面前睿智一些——选择遗忘，可以让快乐长存心间，何乐而不为呢？

节约自己的心力

派拉蒙森在一家公司做区域销售经理，因为工作能力出众，业绩突出，颇受领导赏识。不久，董事会决定要提升他担任销售总监，却突然遭遇变故——有人诬告派拉蒙森贪污公款。一时间，公司里面议论纷纷，派拉蒙森提升销售总监的事成为泡影。

一个月后，派拉蒙森辞掉了工作，转投另外一家公司。一年之后，派拉蒙森的朋友想要告诉他诬陷他的幕后黑手的时候，派拉蒙森道："千万别告诉我是谁，我不想知道。如果我知道了，我一定会憎恨那个人。不知道，就少了一个憎恨的机会。一个人的心就那么点，我要节约着用，少装一分憎恨，就能腾出空间多装一分快乐。"

当一个人的心被仇恨填满的时候，他也许就会调动起所有的心力去诅咒对方，调动起一部分心思去想方设法报复对方，生活在仇恨和痛苦之中，一个人的心力很容易就被耗费殆尽。

所以做人，要学派拉蒙森，做生活的智者，把有限的心力去做一些有效的事情，去制造成功和快乐，而不是去与人钩心斗角、做一些无意义的事情。这样，你离成功就不远了。

度量有多大，事业就有多大

在生活中，我们经常会看到斤斤计较、自怨自艾、在蝇头小利面前摇摆不定的人，这些人全部的生活乐趣几乎在于“占便宜”和“报复自己所谓的仇人”，这些人大多湮没在小气的生活中，难以成就大事。

反之，成功人士都有一个普遍的特征，那就是心胸宽广、度量宏大。人舍弃了斤斤计较的念头，有了豁达的胸襟，才能容得天下难容之事，才能拿得起放得下一些事情，才能把自己有限的精力用在有价值的大事上，才能成就一番事业。

宽容一寸，关系拉近三分

宽容一寸，关系拉近三分；而关系拉近三分，其产生的影响动力则可能是七分、八分，甚至十分。

刘晓是一家广告公司的白领，工作能力不错，人也精明好学，但就是气量小。在工位安排上，刘晓与同事安平起了争执。

于是，刘晓在今后的工作中处处与安平针锋相对，轻则采取“非暴力不合作”，重则冷嘲热讽、恶语相向，公司里弥漫着硝烟。这些都被公司同事看在眼里，同事们都觉得刘晓是一个不好惹的角色，和她说话的时候都小心翼翼，工作中也尽量避免和刘晓发生接触。

年终，刘晓被辞退了。刘晓询问自己被辞退的原因，人事主管说：“你工作表现很出色，但是你的气量却让人不敢恭维，公司里的人都小心翼翼与你交流，我们不想在公司里随时摆放着一颗定时炸弹。”

度量决定了你的人脉，人脉的宽广与度量有着必然的关系。像刘晓这样“小辣椒”的角色，在工作和生活中，注定鲜有人与之成为朋友，自己的人脉关系网也难以建立，久而久之就会成为大家孤立的对象，个人的成功更是无从谈起。

有度量才会有成功

春秋时期，齐国国君齐襄公被杀。两位公子小白和纠听到齐襄公被杀的消息，都急着要回齐国争夺君位。在公子小白回齐国的路上，公子纠的谋士管仲差点杀死了公子小白。但是小白是诈死，等到公子纠和管仲进入齐国国境，小白和鲍叔牙早已抄小道抢先回到了齐国国都临淄，小白当上了齐国国君。

好在小白是个有气量的人，接纳了鲍叔牙的建议，不但赦免了管仲的“刺杀”之罪，还立刻任命他为相，让他管理国政。小白在管仲的辅助下，成为名震诸侯的一方霸主。

公子小白之所以能成就霸业，管仲功不可没。如果小白没有容人的气度，把管仲杀了，就可能没有后来自己称霸诸侯的丰功伟业。从这一点上来说，气量对于一个人的成功必不可少。

日本“经营之神”松下幸之助之所以能成功，其中一个重要的原因就是“宽容”。

三洋电器公司副总经理后藤清一曾是松下电器的员工。在松下工作时，后藤清一曾经犯过两次严重的错误。但最终，松下幸之助都选择了原谅他，也没有撤去他的厂长职务。

结果，后藤清一的愧疚和对松下的敬佩更让他对松下忠贞不贰，工作更加努力，为公司创造了更大的收益。

胸怀宽广、有度量的基本标志是能够容得下不顺眼的人，将可能的敌人转变为自己忠实的盟友。

美国总统林肯曾试图跟他的政敌交朋友，引起一位官员不满，他认为林肯应该利用权力消灭他们。

对此，林肯十分温和地说：“当他们变成我的朋友时，难道我不是在消灭我的敌人吗?”

要想成为一个成功者，不仅要有智慧和胆识，还要有容人的气量。容人的气量如何，直接关系到聚集人脉的多寡与优劣。有了容人的气量，才能将成功路上中急需的各种人脉聚集在自己的左右。

在生活中，有才能的人往往善于独立思考，个性较强，有时可能不讲究做事方式，作为有志想要成功的人就要胸襟开阔、气量如海、善纳“百川”，听得了不同意见，才会人才济济，事业发展。

如何拥有过人的度量

度量也是需要培养的，那怎样拥有过人的度量呢？心理学家给了一些实用的方法：

第一，对别人的小过失和小错误不要斤斤计较。要善于接纳别人发生的一些小失误，在别人处于逆境的时候，多鼓励和帮助别人。

第二，做人要大方，与人方便，自己方便。要善于施恩于别人，这样在你有困难的时候，别人才会为你两肋插刀。

第三，不要把有可能是伙伴的人变成对手。多一个朋友，多一条路；多一个敌人，多一把悬在头上的刀。在平时就要学会多树友、少树敌。

第四，学会分享。任何自己取得的成果和成就都应和别人分享，学会共苦，更要学会同甘。这样，在你困难的时候，才会有人与你一起承担。

宽恕别人，就是释放自己

现实生活中，人与人之间的关系就像厨房里的锅碗瓢盆交响曲，难免有磕磕碰碰和不愉快的事情发生，怎样处理这些矛盾呢？是以牙还牙、睚眦必报、除之后快呢？还是以宽厚为怀、一笑置之呢？

其实，与别人为善，就是与自己为善；与别人过不去，就是与自己过不去，只有宽容地看待人生和体谅他人时，我们才可以获取一个放松、自在的生活、工作环境，才能生活在欢乐的蓝天下。

睚眦必报，伤人害己

春秋时的宋国国君宋闵公气量非常狭窄，经常因为一点小事就惩罚自己的下属。宋闵公手下有一个非常勇猛的将军南宫长万。南宫长万打仗非常勇敢，但是世界上没有常胜将军，南宫长万在与鲁国军队的一次作战中不慎被擒。

胜败乃兵家常事，可是，宋闵公却对此耿耿于怀，并给南宫长万起了个外号——“囚徒”，这个外号让南宫长万心里非常恼火。

一天，宋闵公约南宫长万下棋，两个人因为棋子起了争执，宋闵公讥骂道：“囚徒，你真是没用，连棋都下不明白，还能指望你去做什么？你不如继续回鲁国当你的俘虏去吧！”

南宫长万勃然大怒，说：“我什么也不会，但是我可以杀人！”说罢，操起棋盘砸死了宋闵公。宋闵公因自己的睚眦必报和不懂宽恕害死了自己，留下了笑柄。

睚眦必报和不懂宽恕带来的结果往往是害人害己——如果对别人的缺点或过失耿耿于怀，最终带给自己的有可能是无妄之灾。

东方民族大多将自己的面子视为生命，如果在生活中，不懂宽恕，一味揭别人的伤疤，最终只能是两败俱伤的结果。

指责别人也是在惩罚自己

不懂宽恕的人，往往是痛苦的，因为在他看来，周围的人都有可能犯错，都有可能伤害自己，而别人犯的错，自己无力阻止，自己的指责有时候招来别人的愤恨，于是痛苦便尾随而至，怨恨油然而生，让自己备受煎熬。

古时候有一个愤世嫉俗的书生到寺庙里向高僧求教自己怎样才能获得成功。走在路上，一段树根让书生跌了一跤，书生勃然大怒，向高僧要来铁锹要把树根铲除掉。高僧微笑不语。书生更是恼怒了，举手指着树根破口大骂。

这时，高僧语重心长地说道：“施主，看你伸出的手，阻碍你成功的道理就在其中。”

书生看着自己伸出的手，食指指向树根，大拇指指向天空，中指、无名指、小指则很自然地指向自己。

看到书生不解的样子，高僧解释说：“阻碍你成功的就是这三只手指，你看，你指责树根的手形，意味着指责别人的手指是一个，而指责自己的手指却是三个，也就是说你自己总是在与别人为敌的同时，也在与自己为敌。加上你自己，世界上根本没有人和你为友，你的成功又从何而来呢？”

用手指责别人错误的同时，有三根手指指向自己；用大拇指赞美别人的时候，有四只手指赞美自己——宽恕带来的是双赢和其乐融融。要想成功，需要谨记：临事让人一步，自有余地；临财放宽一分，自有余味。

释放自己的宽容和善意

耶稣在面对杀害他的凶手时，依然表现得非常宽容：即使最后被钉在十字架上，在痛不欲生的时候，耶稣依然为这些罪恶的人祈求——“上帝我父，请原谅他们吧，他们并不是故意要这样做的。”耶稣的宽容和悲天悯人感动了无数的追随者。

美国第三任总统杰斐逊与第二任总统亚当斯的友谊是非常令人称道的。杰斐逊在就任前夕，曾经去白宫拜访亚当斯，想要告诉他竞选并不会破坏他们的友谊。但还没等杰斐逊开口，亚当斯就咆哮起来：“是你把我赶下台的！是你把我赶下台的！”从此两人再没交往过。

直到后来，杰斐逊的几个朋友探访亚当斯，这个倔强的老头又诉说了当年那件难堪的事，但后来却话锋一转：“其实我一直都欣赏杰斐逊，现在仍然欣赏他。”朋友把这话带给了杰斐逊，杰斐逊很是感动。从此，两人开始了美国历史上最伟大的书信往来。

当然，我们要想成为耶稣一样的圣人很难，但是我们可以试着在生活中去宽恕别人，对于别人的行为表现，也要先从善意的解读开始。我们没有办法要求别人，但是我们可以要求自己，先把人心当成善的，以善意解读他们的行为，可以让我们的内心先求得舒坦，比较能够平心静气地对待别人无意间犯下的错误。

在别人犯错的时候，释放自己的宽容和善意，你将会获得别人200%的回报，收到梦寐以求和意想不到的效果，在迈向成功的道路上多了一份宝贵的助力。

没有百分之百的公平

在单位里，同样的表现、同样的付出，自己得到的比别人要少，“不公平”让人自己觉得懊恼；在家庭中，觉得父母更偏向自己的弟妹，身为兄长只能吃苦受累挨埋怨，“不公平”让自己失落；在银行排队，VIP用户可以跳过排号，直接办理业务，“不公平”让排了很长时间队的自己抓狂……

“不公平”充斥于我们社会的各个角落。我们应该奋起挑战“不公平”的社会秩序呢？还是接受现实，加倍努力来争取——这是一个关乎幸福和成功的选择题，答对了，我们的人生就会积极健康、了无遗憾；答错了，我们就会在“抗争”中耗费自己的精力，到头来，双手空空，又落得满腹怨气。

世界上没有绝对的公平

世界上任何事物都是不同的，不同的事物聚集在一起就造成了资源占有、机遇分配的不公平——就像世界上没有两片绝对相同的树叶一样，世界不存在绝对的公平。

我们生来就已经存在着很多的不公平——出身背景不同、社会地位不同、家庭财产不同、受教育的程度也不同……这些不同，让我们处于一个没有绝对公平的社会环境之中。

事实上，我们每天都过着不公平的生活。一味地追求绝对的公平，只会导致心理严重失衡，使自己变得浮躁不安。这种消极的心态不仅压抑了人的良好心境，还会扼杀聪明才智与创造才能。现实生活中，总有一些喜爱钻牛角尖的人妄图实现绝对的公平，让自己拥有利益的最大化。殊不知，在追求所谓绝对公平的过程中，自己会遍体鳞伤，最终也未能得到自己想要的东西。

在不公平的世界中，利用自己的优势

森林里住着一只骆驼和一只羊，骆驼长得高，羊长得矮。骆驼暗地里寻思："长得矮真好，可以轻而易举钻进山洞里喝甘甜的泉水。"

羊也埋怨上天的不公："长得高才好呢，像骆驼一样，可以轻而易举吃到树上嫩嫩的叶子。"

骆驼和羊都埋怨上帝给自己带来不公平的待遇。于是开始赌气。骆驼拒绝喝河里浑浊的水，羊则拒绝吃地上的黄草。最终，羊饿死了，骆驼渴死了。

其实骆驼和羊都有自己的优势，都有自己得意的长处，但是两者都盯着对方貌似优厚的"待遇"，最终付出了生命的代价。

英国生物学家达尔文在艰辛付出后，创立了"物竞天择，适者生存"的进化论原理。它给我们的重要启示是：要想生存发展，首先要适应环境，承认世界的不公平，学会利用自己的优势。在生物进化过程中，只有那些最适应周围环境的生物才能生存下来，其他的都被淘汰了。这条理论不仅适用于动物界，同样适用于人类社会，它也能够用来解释各种社会现象。

科学技术的飞速发展，让现代社会的竞争变得日益激烈，如果我们想在竞争中生存下来，就要承认这个世界没有绝对的公平，学会适应周围的环境，养成良好的适应性，找到适合自己的生存法门。只有这样，才能更好地在这个社会生存。

面对不公平，我们如何去做

面对不公平，我们该如何去做呢？心理学家给出了答案：

第一， 要承认不公平的存在，心平气和地接受它。

第二，增强自己的自信。面对不公平，经历挫折的大多数人的心理问题是缺乏内在的自信。其实这大可不必，要知道，每个人都有每个人的优势，要充满自信地去接受挑战，在挑战中，一步步充实自己，最终摘得成功的果实。

第三，开阔胸襟，不要做钻牛角尖的“愤青”。在社会中，不要动不动就对不公平的现象提出质疑，或者暗自生闷气，到最后往往是搬起石头砸自己的脚。作为社会中的一员，应该遵从社会的意志，开阔胸襟，为自己的未来发展铺好路。

有胸襟，才有人脉

胸襟是人生的志向和抱负，是人格的品位和质量，是人对待世界万物气量和风度的定位；胸襟更是友谊的桥梁，是治疗个人心病的良药，是让人拥有快乐心情的百年陈酿；胸襟是一株使人人格高大的常青树，胸襟还可以让一个人站得高、看得远，拥有众多的支持者和庞大的人脉体系，可以让自己的事业有更大上升的空间。

如果给成功的要素排个序的话，胸襟应该是位列首位的。胸襟能够吸纳智慧、凝聚人才，形成强大的人脉资源。历史地看，大凡人才，往往有海纳百川的胸襟。欲求成功者，就要有开阔的胸襟、容人的气度，注意尊重各类各种人才，倾听他们的意见，维护他们的自尊，尤其是他们遇到困难和挫折时，更要多加理解，多加鼓励，使他们放下包袱。这样，才能产生巨大的凝聚力和感召力，让自己的人脉资源丰富，让自己得道多助。

成事在于胸襟

东汉末年三足鼎立，但是曹魏的势力最为强悍，这是因为曹操的身边聚集了为数不少的文武之才，这是他的事业兴旺的基本条件。而许多贤才对曹操趋之若鹜，正是因为曹操能够知人善任，胸襟宽阔。

公元199年，袁绍统率十万大军，虎视眈眈，进逼曹操的腹地许都。因为袁强曹弱，众寡悬殊，曹操的幕僚和将领们都惶恐不安，关中诸将也都中立观望。许多人唯恐自己生命有危险，暗中与袁绍勾结，书信往来，以谋退路。

后来曹操用许攸的计策出奇兵，战胜了袁绍。袁绍兵败，仓促引领八百骑兵渡过黄河。曹操追赶不上，将袁绍丢下的书信全部缴获了。

曹操的下属从收缴到的袁绍往来的书信中，翻到了这些密谋私通的书信，下属们将书信集中起来交给了曹操。曹操哈哈大笑，出人意料地把这些信全部烧毁了，大度地说道："袁绍强大的时候，我尚且担心性命难保，何况我手下的那些人呢？算了，烧掉吧！"

那些曾经想投奔袁绍的人纷纷暗地里赞叹曹操的广阔胸襟，从此更是对曹操忠心耿耿。

成事在于胸襟——曹操能够容人之错，对部属充分理解和体谅，笼络了一大批志士的心，稳固了自己的势力。能成大事的人，许多都像曹操一样，有不计前嫌、注重未来的广阔胸襟，这样才能在创业的道路上得道多助，走向成功。

胸襟宏大，聚集人脉

古人云："海纳百川，有容乃大；壁立千仞，无欲则刚。"要与人建立和谐的关系，最要紧的是取决于自己的态度，要有着一颗豁达的胸襟，要善于容纳别人。宽容体现了一个人的素养与气度，表现了人的思想深度。只有一个拥有智慧的人，才会在心中留出一片天地给别人。

在社会交往中，人人都会吃亏、被误解和受委屈，这些都是不可避免的。面对这些，最明智的选择是用自己博大的胸襟来化解这些矛盾。胸襟宽阔是一种良好的品质，不仅包含着理解和原谅，更显示着气度、坚强和力量。一个只知苛求别人的人，其心理往往处于紧张脆弱的状态，从而导致与其他人关系紧张。胸襟宽阔的人在严于律己的同时，宽以待人，这就等于给自己的周围安上了人脉的磁场，许多人都能感受到善意，前来相助者也是趋之若鹜。

胸襟宏大，之所以能够聚集人脉，其最重要的是容人，它是容言、容事和成就事业的根本。要用真诚的心来观察他人的长处，容纳他人的不足，善于发现、培养、发挥他人的长处，求同存异，共同发展，互惠互利，才能成就事业，拥有更多的成功。

当你学会宽容别人时，就是学会宽容自己，给别人一个改过的机会，就是给自己一个更广阔的空间。用宽阔的胸襟去对待别人，不会失去什么，反而可以收获快乐，收获人脉，也会给自己增添多一些的成功砝码。

如何培养广阔的胸襟和聚集人脉

广阔的胸襟人人都想拥有，但是有些人却总是难以求得，“求之不得辗转反侧”，其实，这大可不必，开阔自己的胸襟其实不是一件难事：

第一，不要暗示自己是没有胸襟的人。培养自己的胸襟就要在自己内心中暗示自己：“我是一个胸襟博大的人，这点小事情怎能搅乱我的心思。”长此以往，你就会发现，自己的确成为一个心胸宽广的人了。

第二，培养广阔的胸襟、聚集人脉要从生活细节入手。比如在别人需要帮助的时候伸出自己的援手；记住自己周围身边朋友、重要人士的生日；善于分享自己的快乐和所得；要学会向别人求助，在求助的过程中加深彼此之间的感情。

第三，学会赞赏别人，学会把自己的掌声献给别人。在看到别人长处、优点或表现精彩的时候，要适时地给予赞美；在别人取得成功的时候，要恰如其分地给予掌声和欢呼。在分享别人成功和精彩的时候，你的胸襟也就得到了提升和展现，受到你善意鼓舞的人，就会将你视为自己的知音和朋友，这样，人脉就建立起来了。

你的面子真的那么重要吗

面子对中国人生活的影响非常深远，面子是国人一种重要的社会心理现象。学者林语堂曾对“面子”进行了深入的阐述：林语堂认为统治中国的三个女神是“面子、命运和恩惠”，但在这三个女神中，面子却要比命运和恩惠还有力量。

你伤了别人的面子，别人会为之怀恨在心；别人伤了你的面子，你会耿耿于怀、心存芥蒂。在中国，因面子而造成过国家间的战争、朋友间的反目、兄弟间的仇杀……在很多人看来，面子牵动着自己的心神，失掉了面子，自己的尊严仿佛一文不值。其实，有时候，爱好面子的人可以反过头来问一下自己——面子真的有那么重要吗？

面子问题，害人害己

有时候因为面子问题，小肚鸡肠的双方争执不下，处理不好会引发灾难，给双方都带来难以弥补的损失。

在古代，有两个小部落——甲部落和乙部落，两个部落相邻，他们都在各自的地界里种了黄瓜。

甲部落的黄瓜长势极好，而乙部落种植的黄瓜又瘦又弱，与对面瓜田的长势简直不能相比。心胸狭窄的乙部落的人觉得失了面子，有一天夜里偷跑过去把甲部落的黄瓜全给掰了下来。

甲部落的人第二天发现后，气愤难平，于是夜里过去把乙部落的瓜秧扯断了。第三天，两个部落的人都聚集在一起，互不相让，最后大打出手，双方死伤无数。

在两个部落打斗得难解难分的时候，远方一个强大的部落将这两个部落收服了。为了所谓的面子，甲部落和乙部落的人民失去了家园，沦为了奴隶。

为了追求所谓的面子，心胸就会变得狭窄起来，眼界也为之缩小，只盯着眼前的面子，常常会使人走入极端。爱面子的甲部落和乙部落，钻入为面子争斗的牛角尖中，忘记了脑后的危机，最终落得“鹬蚌相争渔翁得利”的下场，悔之晚矣。

面子是别人给予的

北宋时，宋朝有两位能征善战的将军，一个叫孔宁正，另一个叫王荣，他们在战场上英勇无畏，屡建战功，是宋朝的栋梁。

一天晚上，宋太宗夜宴这两位将军，孔宁正和王荣两人几杯下肚就烂醉如泥，胡言乱语起来，自夸起自己的战功来，说到高兴处，两人竟然拍着宋太宗的肩膀说：“皇帝啊，要是没有我们，你的江山恐怕就不是你的了！”

这句话触怒了龙颜，皇帝左右的人纷纷劝宋太宗杀了他们。但是，宋太宗却不作理会，而且令人送他们回家。

第二天，孔宁正和王荣酒醒之后，想到酒后失态，非常惊恐，急忙上殿请罪。宋太宗却说：“朕当时也喝醉了，早忘了你们讲了些什么。”这两名将领感到皇上如此宽宏大量，更忠心耿耿为太宗效力了。

俗话说得好，金无足赤人无完人。自己身边的人不可能不做错事，有时候别人的一些话或行为让自己丢掉了面子，这个时候，我们就应该学一学宋太宗，放开自己所谓的面子，展示出自己做大事的胸怀来，给别人一个机会。

面子不是自己挣来的、夺来的，而是别人给予的，当你放开所谓面子的时候，犯错的人就会感激你的理解、包容、大度，今后会给你更多、更大的面子。

放开自己所谓的面子

有时候为了自己的目的可以放开自己的面子，将所谓的面子束之高阁，事情也许就成了一大半。对于实在讲究面子的人，这里有几种放开面子的妙招：

第一，心理暗示法。当自己实在放不下面子的时候，要在心里暗示一下自己——成功就需要“放开胆子，丢下面子”。失败者永远不会有面子，为了成功，为什么不能先将自己所谓的面子丢下呢？

第二，自我调侃法。对于大多数人来讲，放不下面子首先是自己过不了自己那一关，丢掉面子的那一刹那，觉得自己仿佛赤身裸体站在别人面前一样。自我调侃就可以让自己暂时摆脱“丢掉面子”时的尴尬。

幽默大师卓别林年轻的时候，有人曾经讥笑他个子太矮，卓别林借机调侃道：“如果我长得太高，摄影师的镜头不容易把我‘囊括’进去。所以，摄影师老是嘱托我不要长高，所以我现在仍然小巧玲珑。”

在众人的哄笑声中，卓别林大度的调侃缓解了自己的尴尬，度过了面子危机。

原谅比指责更有效

在生活中，我们经常会碰到这样的双选题：

他/她误解了你，事后真相大白，面对“罪魁祸首”的时候，你是该原谅还是加以指责？

他/她不小心把你最心爱的东西损坏了，面对表露愧疚的他/她，你是该原谅还是横加指责？

他/她言语冒犯了你，在你没搞清是口误还是有意时，你是该原谅还是以牙还牙、指责对方？

原谅和指责收获的东西是截然不同的，前者收获理解和“一笑泯恩仇”，后者收获忌恨和争执。原谅和宽容是一种最高贵的美德，没有人能比施行宽容的人更强大，更自豪。当你真心原谅了自己的敌人的时候，你会真正获得快乐和成功。

原谅是矛盾的终止，指责是争论的开始

埃及有一句哲语说得很好："原谅是矛盾的终止，指责是争论的开始。"原谅别人的同时，你们之间的矛盾也就化解了，迎来的是一个新的开始；而指责别人的时候，则是"旧恨添新仇"，你们之间的关系更是雪上加霜。

从前，有一个秀才，秀才不小心得罪了邻村的一个小心眼的农夫。在过生日那天，秀才收到了一个特殊的礼物：自家门外多了个盛骨灰的陶瓷罐。秀才微微一笑，不用想就知道是那个小心眼的"仇家"送来的"贺礼"。

秀才的儿子勃然大怒，拿着铁棍就要去农夫家拼命。秀才微微一笑，说道："咱家玉兰不是没地儿种吗？挪在这花盆里不是很好吗？"

于是，秀才的儿子将玉兰栽在了骨灰罐里。玉兰花开了，正值农夫的生日，秀才捧着玉兰花前去拜访。农夫羞愧得无地自容。从此两家和好如初。

原谅比指责在处理矛盾上，有着截然不同的效果，一个能带来友谊，一个只能加深仇恨。秀才大度的原谅打破了僵局，盛开的玉兰花更是化解了两家人的仇恨，同时也带去了秀才宽宏仁慈的心。

退让才能解开死结

与别人结下了怨仇，这是谁都不愿意发生的事。可生活中，人与人之间难免会产生矛盾。面对解不开的死结，该怎么办呢？从此不再往来，还是理解对方，进行有效的沟通，化解仇怨？很显然应该选择后者。

唐朝著名的丞相李泌是一个非常宽容的人。一次，李泌准备修一个后花园，希望在花园外留一条三尺之巷。可李泌的邻居员外认为那里是他的地盘，坚决反对修巷。

李泌的管家没办法，只好给在外地办事的李泌写了信。几天后，李泌回信了，而管家看到他回信后，马上放弃了原计划。

那个员外知道后，非常意外，执意要看李泌的回信。原来，李泌写的是一首诗："千里家书只为墙，让他三尺又何妨，万里长城今犹在，不见当年秦始皇。"

看完信后，员外十分感动，主动让地三尺。结果，三尺之巷变成了六尺

之巷，而李泌和员外也开始联络起来，变成了知己。

当两个人发生矛盾的时候，需要的就是一颗宽大的心。只要有一方退让一步，问题就能轻松解决。也许你会问，为什么不是对方退让，而要让我退让呢？如果两个人都这样想，那么这个结就永远也解不开了。真正退让了又有什么关系呢，正因为你的退让，也许一段友情就能够挽回，也许一桩生意就能成功，也许一个机遇就会来临。

化解暴戾之气的良方——“没关系”

一位智者曾经说过，“当别人犯错的时候，你去指责别人的同时，你也在犯错，暴戾之气充盈着胸膛会烧毁自己的生活。在生活中，最能化解暴戾之气的是‘没关系’。”

比如，在拥挤的地铁上，有人踩了你一脚，被挤得头脑发胀的你要想说一句“没关系”实在不容易。本来就有说不出的窝火，再加上脚上的疼痛，肯定会火气上涌。但是，此时的争吵和指责能够给自己带来什么呢？它只能把你不痛快的、烦躁的情绪通过指责发泄出来，让事态朝着更坏的方向发展。但是这时候平心静气地说一句“没关系”，既能让自己的心平静下来，又可以赢得别人的尊重，这是一个双赢的举动，有效的原谅比撕破人心的指责更明智。

从前，有一位得道的禅师住在深山中。寺里的东西经常失窃，今天丢一支蜡烛，明天丢一袋米粮，一个月下来，寺里的东西几乎要被小偷给偷光了。看着空空如也的寺庙，禅师的徒弟决定替师傅抓住这位小偷。

入夜，小偷果然如期而至，众弟子将小偷合力擒住，人赃俱获。但是禅师却让徒弟们放了小偷，看到小偷衣服单薄，禅师将身上的棉袍送给小偷，捻着胡须，笑着对小偷说：“我们已经没有什么东西可以偷了，将寺外这轮明月送给你吧……”小偷扑通跪倒在地，表示愿意接受禅师的处罚。后来小偷皈依佛门，成为一代高僧。

当我们在原谅别人的同时，也在为自己营造着良好的生存和有利的发展氛围。原谅能使敌对的、消极的、紧张的、不利的因素转化为友善的、积极的、和谐的、有利的因素，让我们的天地更加广阔，道路更加平坦，前景更加美好。因此，当别人对不起自己的时候，送一轮原谅的明月给他。

吃亏是福

在现实生活中，人们总是怕自己吃亏，不愿自己吃亏：在菜市场为了一斤菜反复讲价，花宝贵时间便宜几毛钱，就是为了不吃亏；在单位，和同事钩心斗角，为了芝麻绿豆的小事争得不可开交，就是为了不吃亏；邻里之间，为了楼道里的某个空间谁可堆放杂物而相互扯皮耍横，就是为了不吃亏……

不吃亏的心理，其实就是为了占便宜，撕破脸皮、破坏和谐的人际关系也在所不惜。于是，到头来，“失道寡助”，自己在朋友圈中、同事关系网中成了孤家寡人，得不偿失的时候才猛然发现——自己已经不知不觉地停止了前进的脚步，失去了快乐的动力，最吃亏的反而是“处处不想吃亏”的自己。

不吃小亏往往会吃大亏

日常生活中往往有很多人不爱吃眼前的小亏，斤斤计较，最后反而吃了大亏，这正应了中国的一句古话“抓了芝麻，漏了西瓜”。

在小城镇里生活着两只老鼠，两只老鼠都是不肯吃亏的角色，经常在一起争斗不休。有一天，饥饿难耐的两只老鼠无意间发现了一个大米缸，两只老鼠兴奋地跳进米缸里吃起来。一会儿吃饱了，但是两只老鼠互相盯着对方，看对方依然在吃，于是互相都在心里合计：我可不能吃亏，一定要多吃一点。终于，两只老鼠把一整缸米全吃光了，这两只老鼠肚皮也快胀破了。

这时候，危机出现了：两只老鼠吃得太多，它们臃肿的身体根本跳不出米缸。一只老鼠灵机一动，说道："我先踩着你的肩膀跳出去，然后呼叫伙伴来救你，你看怎么样?"另外一只老鼠唯恐吃亏，怕对方逃出去之后不救自己，争辩道："还不如我出去呢，我腿脚比你快。"出主意的老鼠大怒："主意是我想出来的，我应该先出去!"

两只老鼠争论不休，始终不肯退让一步。一会儿，天亮了，两只老鼠被人发现，死于非命。

两只老鼠不想吃小亏，导致互相不信任，本来可以顺利地双双逃生，但是最后双双死于非命。

在社会上经常会有不愿吃亏、心胸狭窄的人，往往遇事就会无理搅三分，有理更是顶破天，只一味想在是非纷争中攫取最大的利益，往往忽视自己也是这个利益团体中的一员。被私欲和"不吃亏"蒙蔽了双眼，势必要遭受更大的损失，最终失去的反而更多。

吃亏就是占便宜

在人生的漫长历程中，吃亏和受益是互为存在、相互转换的一对矛盾体。一个人不可能事事都受益，处处占便宜，有些事情当时即使真得受益了，最终导致的结果仍有可能是吃亏。而有些事情表面上看，可能是吃亏了，但事后仍有可能会出现一个受益的结果。

赵旭是一个刚刚毕业的大学生，心胸豁达，不爱斤斤计较，在他工作的出版社人缘颇佳。

出版社正在进行一套丛书的编辑，每个人业务都很忙，但出版社总编却一反常态并没有增加人手的计划，赵旭自告奋勇，主动要求利用业余时间参加这套丛书的案头工作。同事悄悄对他说："你这个呆子，不给你涨工资，你加班加点值得吗？你乐呵呵地吃了一个哑巴亏。"

在丛书编辑中，赵旭的才能得到了显现。于是出版社对赵旭委以重任，提拔他为社科二部的组长。

两年后，赵旭决定下海，自己成立了一家出版公司。由于自己"肯吃小亏"、守信的口碑，赵旭得到了多家出版社领导的信任和支持，生意很是红火。

由于一次意外的"吃亏"经历，赵旭开辟了工作生涯的另外一层境界。

能吃得亏的人，有心胸豁达的底蕴，能够看得更远，给人以"忍辱负重，能屈能伸"的性格形象，容易得到别人的信赖，在致力于成功的路上就奠定了"厚积薄发"的资本。

为别人吃亏，实际是帮助自己

二十多年前，还在上中学的芬妮为了攒够学费在一家超市里做售货员，她遇到了一位特殊的顾客，一个流浪儿。

劳累了一整天的流浪儿此时感到饥寒难耐，但摸遍全身，却只有一便士。流浪儿忐忑地拿着自己的硬币走向了芬妮。芬妮为男孩准备了许多吃的，在最后说道："因为今天是圣诞节，我们还免费赠您一杯热牛奶。"

流浪儿享用完毕，问道："我应该付多少钱？"芬妮回答道："您只需要付款一便士。"芬妮自掏腰包为男孩补齐了余款。

二十年之后，芬妮结婚之后境遇不佳，做生意破产了，自己还得了心脏病，需要手术。手术之后，芬妮看到医疗单上的手术费用竟然是一便士。

原来，为自己做手术的医生就是二十年前芬妮施舍的那位流浪儿。流浪儿现在已经是全英国最有名的心外科医生了。

这个真实的故事颇具传奇色彩，它告诉了我们一个生活中最朴素的道理——在生活中，为别人吃小亏，实际是在帮助自己。

华人首富李嘉诚曾说："有时看似是一件很吃亏的事，往往会变成非常有利的事。"这就是吃亏是福，这就是现实生活的得失之道。小处吃亏，大处受益；暂时吃亏，长远受益。不断吃小亏的过程就是不断积累人脉的过程，厚积薄发，你的成功的天窗会在有一天被你自己不经意打开。

第四篇

养肾——增加胆识

- 以内养外：惊恐也是一种病
- 自信是人生第一桶金
- 恐惧是人生的大敌
- 依赖让你远离成功
- 别让优柔寡断绊住了你
- 屡战屡败的死敌是屡败屡战
- 找回自己的勇气
- 先干起来再说
- 办法永远比困难多
- 行动是最快的捷径

以内养外：惊恐也是一种病

现代社会，有很多人都发现自己变得越来越胆小，越来越恐慌了，终日杞人忧天，总是担心亲人出行是不是安全，担心自己是不是患上了绝症，担心公司会不会把自己裁掉，担心公司会不会倒闭，担心买回来的蔬菜是不是用激素催起来的……生活中似乎有太多的事让人去担心。

这是怎么回事呢？其实，精神层面上的惊恐、胆小，都是肾精不足的表现。现代人工作节奏快，生活起居和饮食都不规律，同时又有滥用药物的坏习惯，导致肾精亏损严重，从而变得越来越胆小和恐慌。

肾为先天之本、生命之源

中医认为，肾藏精，故为先天之本。肾精又有先天、后天之分，先天的精气来源于父母，后天的精气来源于饮食营养，经脾胃消化吸收而成，并滋养着全身的脏腑和组织器官。先天精气依赖后天精气的不断滋补来得以充实。

同时，肾“主骨、生髓、通于脑”。肾功能是否正常决定着骨骼功能是否正常，决定着骨髓功能是否正常，而髓又聚汇于脑。因此《黄帝内经》中有“肾生骨髓”、“肾不生则髓不能满”、“脑为髓之海”之说。所以肾亏严重的人，总是迟钝健忘、注意力不集中、工作效率低。

肾与情志有什么关系呢？中医认为，“肾气损，则焦虑生。”人体的肾藏精气，对人体有温煦、激发、兴奋和制约阴寒的作用。具有这种作用的精气称为“肾阳”，也称“元阳”。肾阳能促进人体的新陈代谢即气化过程，促进精血津液的化生并使之转化为能量，使人体各种生理活动的进程加快，产热增加，精神振奋。如果肾气受损、肾阳亏虚，便会使人的兴奋感降低，产生忧虑、惊恐的情绪。

怀孕的女人总是会担心自己的宝宝会不健康，很多人都觉得这是母爱的表达，实际上这是肾虚的一种表现。因为孕育生命调动了母体大量的肾精，所以孕妇的肾气就会不足，常常表现为情绪常难以自控、头晕、易怒、烦躁、焦虑、恐慌、抑郁等。

如果你也出现了类似的情况，整天焦虑不安，担心这个，担心那个，那么就要考虑是否与自己肾精不足有关。要知道，惊恐、焦虚也是一种病，如果不加以控制和调养，别说是事业上的成功，就连身体健康都保证不了。

正肾气，补元阳

既然人的焦虑、惊恐、胆小怕事，始发之地都是自身，那么要想彻底地摆脱它们，首先就要从自身做起，正肾气，补元阳。养肾其实并不简单，并不是一朝一夕就能完成的，也不是吃几种市场上卖的补肾壮阳的药就能改善的，它需要长期的综合的调理。

养肾光靠补是不行的，首先要做适量的运动，以健肾强身，尤其是关节、筋等组织器官的运动。适宜长期进行的运动有散步、慢跑、做健身、打太极拳等，都是养筋健骨、舒筋活络、畅通血脉、增强自身抵抗力的有益运动。

养肾还要注意生活起居。按时作息，避免过劳，尤其注意按时大小便以利排毒。在饮食方面则少吃过于辛辣油腻的东西，以免损及肝肾。

情志失调对肾脏的损害是很大的，不仅会直接影响肾的功能，还会影响其他脏腑，而后累及于肾，导致情志更加不畅。因此，在生活中，我们一定要学会调节情志，尽量保持心境平和，忌烦躁妄动，做到“无扰乎阳”，使体内阳气得以潜藏。

当然，每个人都会有悲伤或心情烦闷的时候，关键是一定要懂得自我疏解这些坏情绪。如果一味沉浸在这些坏情绪中，就等于给各种身心疾病开了方便的闸门，也给自己的成功之路堵上了一道墙。

自信是人生第一桶金

成功学家曾经对1000多位受社会救助人群作过调查，这些人年龄在25至30岁之间。问卷中有一个问题是：你认为自己最缺乏什么？

结果，排行第一的答案是“缺乏自信”。在后续的调查中显示，70%的人大多在事业和生活中困难重重，难以调动起100%的状态应对来自各方面的压力，这些人常悲观地自嘲为“掉队者”，寓意自己脱离了社会的发展轨道。

这些人事业不顺、生活困难重重，刨除机遇和智力因素之外，最主要原因是丢掉了人生的第一桶金——自信。一个对自己没有信心的人是成就不了任何大事的，有充分的自信，才能在众人面前挺起胸膛做事，才能挖掘自身无穷的潜力，让自己在工作生活中脱颖而出，成为有用之才。

认为自己了不起，做一块自信的石头

在英格兰，有一个生长在孤儿院中的小男孩，小男孩意志消沉，没有自信，甚至说话都说不利索。小男孩悲观地问孤儿院院长汤姆森：“像我这样的没人要的孩子，活着究竟有什么意思呢？我是人群中一块毫不起眼的丑石头。”

院长笑着说：“孩子，那你去河滩山找一块最丑的石头来吧。”小男孩很听话，找了一块奇丑无比的石头。

院长说道：“明天早上，你拿这块石头到市场上去卖，但是记住，无论别人出多少钱，绝对不能卖。卖石头的时候，你要趾高气扬地去卖。”

第二天，男孩拿着石头蹲在市场的角落，意外地发现有不少人好奇地对他的丑石头感兴趣，而且价钱愈出愈高，甚至有一位老妇人愿意出20镑来买这块石头。

回到院内，男孩诧异地向院长报告，院长笑笑，要他明天拿到黄金市场去卖。在黄金市场上，有人出200镑的价钱来买这块石头，价格翻了10倍。

最后，院长让孩子把石头拿到宝石市场，放在玻璃盒子里去展示，但是不要标注价格标签。结果，丑石头的价格被炒到2000镑，更由于男孩怎么都不卖，丑石头竟被传扬为英格兰的“稀世珍宝”。

男孩开心地捧着石头回到孤儿院，把一切告诉给院长，并问为什么会这样。院长没有笑，望着孩子慢慢说道：“这是一块自信的石头，它的自信让它具备了比宝石更璀璨的光芒。”

小男孩记下了院长的话，20年后，他成为英国赫赫有名的律师。

生命的价值就像这块丑石头一样，在不同的环境下就会有不同的意义。一块不起眼的石头，由于自信而提升了它的价值。生命也应该像这块石头一样，只要自己看重自己，充满自信，生命价值就会水涨船高，光芒四射。

预见自己的成功

《神奇的情感力量》的作者罗伊·加恩曾经说过：“有些人只能看到事情的现状，并总是问为什么。而我却看到了事情将来可能是什么样的，并问为什么不呢？”

当然，人没有能力预见自己的未来，但却可以想象出自己成功的样子。

在实现真正的理想之前预见它，这是众多成功人士最强有力的策略。他们会通过预见的景象点燃自己的热情，明确自己的目标，增强自己的自信。

如果你想成为一位钢琴家，首先就要想像你是在众多听众的面前，正在向聚精会神的听众们弹奏动听的曲子，那旋律是那么的优美和充满活力，人们对你的赞许之词不绝于耳。你仿佛感觉到了听众的热情和对你音乐的理解，仿佛闻到了领奖台上的鲜花是那么的芳香。

同样的，当你在朝着一个方向和目标努力前行的时候，完全可以凭借自己的想像，勾勒出自己所期望的模样，并且尽可能具体到每一个细节。你将会发现，自己的预见变得如此的神奇，给你注入了无比的自信。要知道，每想像一次，离成功就更近了一步。

从“不起眼”到“了不起”

自信不是与生俱来的，它是后天通过积极的自我暗示、行为仪态纠正、精神智力因素培养逐步建立起来的。下面介绍几种如何建立自信的方法，如果你有勇气去面对，并且坚持训练，用不了多久，你肯定会成为一个充满自信的人。

首先，要学会接受自己、赞扬自己、肯定自己。自信来自于对自我的正确认识和评价，感觉到为别人所赞赏和具有责任感。适当地赞美自己也有助于增强自信，增添快乐，逐步建立起自信。

如国外流行的“PR 法”，就是每天用一分钟大声讲述自己的优点。例如，你可以每天早上醒来，冲着镜子，直视自己的眼睛大声赞美自己：“哇，今天状态不错嘛，新买的衬衫让我整个人神采奕奕的。嗯，今天一定是一个幸运日，我会做好今天的工作的！加油！”

其次，遇到困难和挫折的时候要积极进行自我暗示，相信自己能行，一定能做好。你可以在办公桌上、床头放上激励自己的言语，例如“我行，我能行，我一定能行”、“我是最棒的”、“我能做好一切事情”……在自己受到批评的时候，要在心里暗示自己，“这没什么，只要我再用点心，我相信自己能够做好！”

这样，通过自我积极的暗示机制，鼓舞自己的斗志，增加心理力量，就会使自己逐渐树立起自信心，抗挫折能力倍增。

最后，要学着在行为习惯上改善不自信的毛病。在会议中，要试着挑前面的位子坐，不要把自己藏起来，要融入大家的讨论中，积极地发表自己的意见。走路的时候，要昂首阔步，用自己自信的脚步向大家展示，“我是一个成功者，没有我办不成的事情。”

此外，要为自己打气，学着正视别人的眼睛，让别人不至于把你看成一个自卑的人，你要用自己自信、泰然的眼睛告诉对方，“我不是一个懦弱的人，我充满自信，我为自己感到自豪。”

久而久之，在反复的自我自信增强培养下，不经意间你会发现自己已经成为一个充满自信的斗士、公众瞩目的“明星”了。

恐惧是人生的大敌

面对万丈悬崖我们会本能地感到恐惧；

在深不见底的海中游泳，我们会感到恐惧；

看到电视镜头上血淋淋的特写镜头，我们会感到惊悚和恐惧……

恐惧，是一种正常的情感状态，是每个人都有的一种情感。而且这种感情是与生俱来的，每个人都会有，并且会伴随我们一生。每个人在社会生活的方方面面都会有恐惧感的产生，特别是当遇到陌生或不利的环境时，恐惧感会更加强烈。

恐惧是人生的大敌，生活在恐惧中的时间长了，人就会变得懦弱、敏感、自卑，久而久之会自闭起来，事业也会随之一落千丈，成功更是无从谈起。

恐惧的破坏力

恐惧的破坏力惊人。

马丁·加德纳是美国著名的心理学家，同时也是一名出色的医生。他竭力反对把实情告诉癌症患者。他认为，在美国死于癌症的病人中，80%的病人是被吓死的，其余才是真正病死的。

◆◆◆

一些研究社交恐惧症的医生讲述一些恐惧症病人的表现时说："这些（社交恐惧症）病人，会长时间把自己关在家里孤立自己，怕自己在别人面前张口结舌，怕吃饭时由于有人注视而丑态百出，恐惧得手发抖以致无法写字……越是这样，病人们的表现越是不尽如人意……"

恐惧无形中高估、放大了对手或困难，贬低了自身的能力，因此，失去自信心，不相信自己能战胜困难，让我们距离胜利越来越远。

当恐惧来临时，盯着对手的眼睛

德拉霍亚享有拳坛金童的称号，赢得过六个不同级别的世界冠军头衔。许多拳击专栏作家认为，他是当今世界上技术最好和最会调节体重的"智能拳手"，是拳坛可怕的杀手。但是德拉霍亚小时候却是一个胆小鬼。

小的时候，德拉霍亚是个中规中矩的乖孩子。他对其他孩子的顽皮嗤之以鼻，不愿与小伙伴一起玩耍。每当被人欺侮，他总会泪眼迷离地跑回家，向家人哭诉他的"受欺负的悲惨"。老德拉霍亚对此懊恼不已，曾无数次责骂"胆小鬼"的无能。可德拉霍亚毫无长进，依然不断地跑回家，不停地抽泣、诉苦……

终于，老德拉霍亚无法忍受家里的哭泣声了，"你这个不争气的废物，我已经听够了你的哭泣声。当别人打你的时候，你只要盯着对手的眼睛，举起你的拳头就行，做出信心满满的样子。要是别人再打你，你就听天由命吧……"

第二天放学，在老地方，坏孩子头又一次把德拉霍亚堵在了胡同里，德拉霍亚试着木木地盯着坏孩子头，举起了自己的拳头。

坏孩子头呆住了，他不知道一向老实的德拉霍亚要做什么。正在这时，德拉霍亚的拳头过来了……6岁的德拉霍亚仅用几拳就击败了坏孩子头。

“当恐惧来临的时候，你只需要盯着对手的眼睛”，老德拉霍亚的话成为鞭策拳坛金童的金言，德拉霍亚战胜了一次次的恐惧，赢得了一场场胜利。

人人都会恐惧，但只要你正视恐惧，用自信填满自己的心，相信对手和恐惧都会成为你手下败将。恐惧不是不可战胜的，一旦有了恐惧心理，应当立刻拿出勇气来与它对抗。正如罗斯福所言：“克服恐惧最佳的对策，就是勇敢地面对它。”

克服恐惧的方法

恐惧人人都有，克服恐惧人人都可以，只要方法正确，你就能够将恐惧踩在自己的脚底下：

第一，要正视你自己内心的恐惧，承认自己的恐惧心理。大多数人都拥有恐惧，但却不愿意承认自己的恐惧，把自己的恐惧埋藏起来只会让自己更加恐惧。承认自己的恐惧并不说明自己是弱者。相反，承认恐惧能够让自己更好地去解决问题。

第二，在自己恐惧的时候，试问你自己：最坏的结果是什么？大不了自己会怎么样？顺着这个思路走，你就会发现，其实留给自己的余地还是很多的。正视最坏的结果是把自己从恐惧中解放出来的关键一步。

第三，放手去做。在恐惧中，最难的就是迈出第一步，但是一旦迈出第一步，剩下的自然会水到渠成。当自己犹豫不决、举步维艰的时候，恰恰是解决问题的最佳时机，这时候要鼓励自己——放手去做，勇者无畏，小步前进。

第四，活在当下。在面对恐惧的时候，人最多思虑的就是将来自己会怎样。其实人最应该关注的是做好眼前的事情，活在当下。高度专注于眼下的事情，朝着目标迈进，会慢慢消解恐惧的影响，直至从恐惧中解脱出来。

依赖让你远离成功

有下列情形三种或三种以上的，就说明依赖心理较强了：

当与别人的亲密关系中止时，感到无所适从，难以接受分离的现实；

害怕自己单独相处，不习惯安静，独处时有不安和无助感，心情焦虑，难以平静；

很难单独进行自己的计划或做自己的事，有人陪伴心里才会踏实；

人云亦云，明知他人错了，也随声附和，在内心中希望与别人保持一致；

在得到他人指示和肯定之前，不能做出决策，需要求助别人才能痛下决心；

为讨好他人过度容忍，甚至放弃原则和自尊，做自己不想做的事。

依赖是走向成功的一大障碍：依赖不仅会使人丧失独立的能力和精神，还会使人缺乏对事业和家庭的责任感，造成人格上的缺陷，只想过得过且过的生活。

世界上拯救自己的只能是你自己

安妮毕业于加利福尼亚大学，是一个高学历的现代知识女性，毕业之后便进入家庭，做起了全职太太。安妮的依赖心理已经把自己折磨得快要疯掉了。安妮无法忍受孤独，哪怕是丈夫上班离开8个小时，安妮就几乎要变得发狂了，一个人盯着钟表计算着丈夫归来的时刻。安妮甚至产生轻生之念或以自杀相威胁，以此来换取让自己的丈夫能够多陪一下自己。

安妮泪流满面、声泪俱下痛苦地说："我不想再活下去了！我每天都在担心没有了丈夫，活着还有什么乐趣？我是多么爱他啊……"

强烈的依赖心理的最直接后果是丧失自我，安妮所描述的不是爱，而是过分的依赖感。确切地说，依赖的心理就是一种潜在的寄生心理——没有别人就无法生存，就像生物学上讲述的"寄生者"，而对方是寄主。

要知道，世界上能够拯救自己的只能是自己本身，充实美好的生活、成功的事业都需要自己争取得来，依赖只能让自己失去生活和工作的能力，到最后成为寄生在别人身上的"蛔虫"。

路要自己走

唐朝的时候，高僧慧远收了一个口吃的徒弟法明，每次出去做法事，念经的时候，师兄们为了照顾法明，只让法明张嘴不出声。这些慧远都看在了眼里，默不作声。

有一次，为一个故去的施主做法事，慧远故意让法明领读经文，但是法明支支吾吾说不出话来，脸憋得通红，出了一次大丑。

回到寺里后，慧远对法明说："你口吃我知道，但是作为一个僧人不会诵经就像农夫不会锄地一样，你要想成为一个高僧首先要学会摆脱依赖，独立诵经！记住：路要自己走，别人不能背你一辈子！"

从此，无论盛夏还是寒冬，无论刮风还是下雪，法明每天都在凌晨起床，口里含着小石子诵经。功夫不负有心人，三年之后，法明克服了口吃的毛病；

二十年之后，法明成为寺里的主持；三十年之后，法明成为受人尊敬的一代高僧。

路要自己走，才能走出自己的精彩。人生路上也许电闪雷鸣，也许荆棘丛生，但都不要期待别人撑起遮风挡雨的伞，也不要等待别人背着自己走。要成功，最终一切全靠自己。就像法明一样，只有做到了不去依赖别人，才会找到自己的目标，才会靠自己获得成功。

“条条大道通罗马”，要走向成功，就必须摆脱依赖心理，不随波逐流，不漫无目的，要走就走自己的路，一定能走出一条成功的康庄大道来。

克服依赖的办法

当然，完全摆脱掉依赖是不可能的，也是不现实的。人人都需要相互支撑、相互帮助，仅靠个人的力量，路只能越走越窄。但如果你的依赖心理已经影响到了你的处事行为，成为前进道路上的阻力，那就要摆脱它了。摆脱依赖性，需要做到以下三点：

第一，要培养自己独立的人格。虽然每个人都需要别人的帮助，都必须在团体中生活，但是作为个体存在的人，需要自立自强，培养自己独立做事的习惯。

第二，学会拒绝。依赖感特别强烈的人往往特别在意别人对自己的评价，有时不得不违反自己的意愿，日久就造成了心理压力。

要学会拒绝别人，委婉地表达内心真实的想法，把依赖、妥协的“拐棍”扔掉，就迈出了走向独立的第一步。

第三，培养自己忍受孤独、享受寂寞的能力。一个人在自己的空间里独处一会儿，并不等于被别人孤立。学会享受一个人的时光，不依赖别人，也不依赖某些东西或行为。

独处的时间能够帮助你客观正确地认识自己，也是形成自己独立个性所必需的，要时常给自己独处、反思自我的机会。

别让优柔寡断绊住了你

机会就像一艘日行万里的航船，但是伴随机会来的还有滔滔不绝的惊涛骇浪，是冒险乘船到达成功的目的地，还是奋力逃跑放弃机会以保全自己的性命？面临这种机会与危险并存的抉择的时候，许多人会优柔寡断、犹豫不决，最后的结果便是，船跑了，自己也被洪水吞噬了，命也没了。

优柔寡断是走向成功的绊脚石，优柔寡断的人常因犹豫不决缺乏果断而失去成功的可能性，因为生活中好的机会往往很不容易到来，而且经常会很快地消失。

优柔寡断会导致机会溜走

埃及人有一种惩罚骡子的招数。他们在一头饥饿的骡子两边放上两堆草料，两堆草料旁边各站一个人来招呼骡子吃草。骡子饿极了，可是站在两堆草料中间，是去左边还是去右边呢？

骡子飞速地思考着：往左边走走，还是去吃右边的比较好。于是骡子走走又回头，回头又走走，最终的结果便是，这头可怜的骡子，就这样在两堆丰美的草料间活活地饿死了。

骡子的悲剧其实每天会发生在我们身边——有两个很好的工作机会，自己左思右想，取舍不定，最终机会溜走了；有几个含金量很高的客户一起邀约自己参加活动，自己取舍不定，顾虑重重，结果客户都被其他人“撬”走；房价飙升，有人说房价会跌，有人说房价会涨，犹犹豫豫，最终，原本可以付全款的钱，现在只能付得起首付……我们生活在一个激烈竞争的时代，很多机会本来就是稍纵即逝的。在优柔寡断的人左思右想的时候，机会已经溜到了别人手里，自己却被远远抛在了后面。

认定的事，决不可犹豫不决

有一个六岁的小男孩，一天在河滩上玩耍时，发现了一个在水里搁浅的小鱼，小鱼儿在干涸的河水中挣扎着。善良的小男孩决定把它带回家喂养，等河水涨起的时候再把鱼儿放归大河。

当小男孩托着鱼儿走到家门口的时候，他突然想起妈妈不允许他在家里养小动物。于是小男孩犹豫了，他徘徊在自己家的门口，最终小男孩决定将鱼儿放在台阶上，去请求妈妈。在小男孩费尽心思说服妈妈之后，他兴奋地跑到台阶上，发现鱼儿已经死了：由于长时间脱离水，鱼儿“渴”死了。

小男孩为此伤心了很久。但从此他也记住了一个教训：只要是自己认定的事，决不可犹豫不决。小男孩长大之后成为闻名南美的“股神”，在股票投资中游刃有余，他的成功名言就是：做事绝不可犹豫，因为机不再来。

获得成功的最有力的办法，是迅速做出该怎么做一件事的决定。排除一切干扰因素，而且一旦做出决定，就不会再继续犹豫不决，即使前面有万丈悬崖也要想办法爬上去。

有的时候，犹豫就意味着失去一个个天赐良机。实际上，一个人如果总是优柔寡断、犹豫不决，或者总在毫无意义地思考自己的选择，一旦有了新的情况就轻易改变自己的决定，这样的人成就不了任何大事。

所以说，在个人成长过程中面对选择与取舍时，要学会在思考后当机立断。只有这样才会不拖延时间与机遇，才能获得成功。

摆脱犹豫不决的“惯性”

犹豫不决时间长了就会养成习惯，形成惯性。威廉·沃特曾经说过：“如果一个人永远徘徊于两件事之间，对自己先做哪一件犹豫不决，他将会一事无成。”那么怎样摆脱犹豫不决、优柔寡断的惯性呢？

第一，增强自信。自信的人往往能够在第一时间独立做出决定，并且对自己的判断力、执行力有相当的自信，坚信自己能够得到想要的结果。摆脱犹豫不决的毛病，首先要培养自己的自信心，要暗示自己：“我做出的选择是最佳的选择，我的方案是无可挑剔的。”

第二，决断倒计时法。如果自己有着犹豫不决的毛病，可以通过这种方法来提升自己的胆识和决断力——在模棱两可的选择面前，给自己设定一个决断的时间，在这个时间内，列出一个表格，将选项的优劣势一一列出，冷静地加以分析，决断的时间一到，强迫自己做出选择。

经过一段时间的“培训”，相信你犹豫不决的习惯会有良好的改变。

屡战屡败的死敌是屡败屡战

世界上毫不费力、一蹴而就的事情少之又少，人人都想要获得成功，但是成功的路上荆棘密布，失败在所难免，关键是看你失败之后的心态如何——是消极对待还是积极向上？是逃避等待还是努力需求解决的方法？

渴望拥有充实成功人生的人，他们不仅可以从失败中找到经验教训，而且还能承担失败带来的后果，鼓舞自己去战斗，而不是逃避。

从失败的废墟中走出来的成功者熟知的一句话便是：屡战屡败的唯一死敌是屡败屡战，鼓足勇气去争取胜利。

要有不断改变的勇气

在我们周围，存在着各种各样的“应该是这样”、“还是稳妥一点比较好”的惯性思维，这些惯性思维像条条框框，为我们编制了一个看不见的“牢笼”，处在牢笼中的人很容易随波逐流，逐渐丧失改变的勇气和创意的诉求，直至“泯然众人矣”，失去对成功的渴望。

几千年前，在中华大地上出现了一种奇怪的生物——双螯八足、形状凶恶。这种生物非常邪恶，不仅偷吃庄稼，还会用螯来伤人，人们都很害怕，认为这是妖魔鬼怪的化身，避之不及。

后来，大禹到江南治水，派壮士巴解来督工，他们面临的首要威胁就是八爪怪的侵袭。聪明智慧、敢于求变的巴解决定为乡民清除祸害，巴解认为八爪怪在人们心目中已成为“神圣”和“邪恶”的象征，除掉八爪怪首先要消除人们对八爪怪根深蒂固的印象，于是巴解悬赏：第一个吃八爪怪的人，将赏赐田地50亩，耕牛10头。人们议论纷纷，却都不敢尝试。

终于，一个叫毛平的人出现了，他第一个试吃八瓜怪，毛平胆战心惊地将八爪怪烧熟了，将甲壳掰开来，一闻香味竟然浓郁无比，便大着胆子咬一口，谁知味道鲜透，比什么东西都好吃。毛平整整吃了四只八瓜怪，获得了赏赐。

此后，被人敬畏的“妖魔化身”一下成了家喻户晓的美食，八爪怪也被命名为“螃蟹”。勇气过人的穷小子毛平获得了丰厚的赏赐，成为远近闻名的富户。

螃蟹周身铁甲，却肉味鲜美，第一个吃螃蟹的人或许会被触角扎到，但能首先品尝到深藏其身的蟹肉。很多人往往被表象吓倒，被固有观念束缚，不敢去尝试，但是毛平却反其道而行之，所以，鲁迅先生才由衷盛赞“第一个敢于吃螃蟹的人是勇士”。

敢于第一个吃螃蟹，敢于第一个实现变化，是一种非凡的勇气的表现，改变往往能够给人带来丰厚的回报。

失败距成功仅一步之遥

在阿拉曼战役中，一群德国士兵迷失了方向，他们在沙漠中缓慢地行进着，走了五天五夜，白天酷暑难耐，夜晚寒冷刺骨，一些士兵患病去世了，最后还剩下一名士兵。这名士兵挣扎着又走了三天三夜，最终倒下了。

事后，一些人在这名士兵的背囊中发现了足够支撑其两天生存用的食物和水。按照这名士兵行进的方向，他距离最近的一个绿洲村落只需步行两个小时。

在士兵的背包里发现了这名德军士兵的遗书，遗书中写道：“经历了一次次失败之后，已经看不到生存的希望，我已经害怕再次失败了，那简直是一种比死亡还要恐怖的折磨……”

这名士兵死于绝望，在经历一次次的失败之后，这名士兵放弃了成功脱险的机会。

对于这名士兵而言，成功逃生距离自己仅一步之遥，八天八夜的艰苦行军，到最后却因为两个小时的路程而付之东流。

有时候，近在咫尺的成功，其实只要自己坚持一下就可以达到了，但是很多人却倒在了这近在咫尺的道路上。屡战屡败是一种心灵上的煎熬，但是屡败屡战却是击碎屡战屡败的唯一利器，在即将放弃的时候要对自己说：成功距失败仅一步之遥，激励自己不要放弃。

屡败屡战的奋起效应

奋起效应是与破摔效应意义相反的一种积极效应：当经受一次大的挫折后，受挫人不仅不气馁，反而激发起改变现况、奋力向上的意志，从而迅速成功的心理效应，即奋起效应。顺风好走路，逆水难行船，多少人一下子摔倒之后，便再也爬不起来。遇挫奋起、知耻后勇是一种强者的品质，只有内在强大的人才是真正的强者。

作为汉朝的开国皇帝，和项羽相比，刘邦在军事上实在差得太远。但屡战屡败，屡败屡战，这就是刘邦给后世留下的最深刻的回忆。

刘邦在楚汉战争的初期面对咄咄逼人的项羽军队，经常打败仗，往往一开战，经过几个回合，刘邦便会兵败如山倒。鸿门宴上要不是项羽大发其妇人之仁，刘邦早就死无葬身之地了。在楚汉相争的动荡年代，刘邦给人的感觉就是一直在失败，一直在逃跑，一直在屡战屡败。可是最后的胜利者是刘邦，战无不胜攻无不克的一代楚霸王项羽却因一次失败，落得乌江自刎的下场。

积极豁达的心态使刘邦承受住了屡战屡败的打击。他不但没有消沉气馁，一蹶不振，失败的耻辱反而激起了他更大的斗志。屡战屡败把刘邦的潜能最大限度地激发了出来，他要为了胜利而屡败屡战。正是在与强敌的殊死较量中，刘邦才成功地实现了自我超越，成为中国为数不多的平民皇帝。

与刘邦相反的是，脆弱的心理却使项羽连一次挫折都经受不起。本来胜败乃兵家常事，“江东子弟多才俊，卷土重来未可知”，项羽却承受不了一次失败，一次“四面楚歌”，让项羽彻底失去了自信，失去了耐心，更重要的是他失去了对再次胜利的渴望。虚荣与骄傲使项羽接受不了任何的失败。

可以说刘邦战胜项羽正是赢在了心态上，是内在强大战胜了外在强大。屡败屡战的刘邦笑在了最后，一败即自杀的项羽则成为历史的殉葬品。

找回自己的勇气

我们在生活中经常看到一些一时受挫而穷困潦倒的人，相比较一些成功人士，他们并不缺少智慧，曾经也有过数不清的机遇，身体也非常健康，但他们缺乏挑战自我、奔向成功的勇气。一时的挫折，让他们的自信心灰飞烟灭，勇气的丧失让他们习惯了沦落，最后一事无成。

如果人生失去了金钱，那只是一点点损失，可以依靠努力弥补回来；如果人生失去了机会，可以继续等待恰当的时机；如果人生失去勇气，那就失去了全部，成功将与他渐行渐远。

失去勇气，“可能”也会变成“不可能”

古时候有一个村子，村子的西边有一条大河，大河深不见底、波浪滔天、河面宽阔，村里的人自古以来都不敢渡过这条河去河对岸。祖父教导父亲，父亲教导儿子，儿子教导孙子，说的话一律都是“不要越过那条河，河里有怪物”。

有一个人家生了一个残疾的孩子，这个孩子是聋子，不能说话，一只胳膊还是残疾。有一天，孩子拿着一条鱼回家，说是从大河里捕来的，孩子父亲很生气，就将孩子打了一顿，警告孩子不要去河里捕鱼。

孩子很伤心，决心寻死，于是一个猛子扎到河里去，但是河里没有怪物吃自己，孩子还是不甘心，奋力向河对岸游去，游了半个钟头，竟然到达了河对岸。游回来的孩子成了村里的英雄，几年之后，孩子在河上建起了一座浮桥。

这个村子里世世代代的人并非不能游到河对岸去，仅仅是因为一句“不要越过那条河，河里有怪物”，而丧失了游过河去的勇气。丢掉勇气。可能的事情变成了难以逾越的“绝境”。残疾的孩子，心存赴死的勇气，战胜了肌体的残疾，成为几百年以来第一个游过大河去的人。

生活和工作中确实有许多的“不可能”萦绕在我们心头，“不可能”、“难比登天”、“异想天开”无时无刻不在侵蚀着我们的意志和理想，使我们丧失勇气，使许多本来能被我们把握的机遇也便在这“不可能”中溜走。

其实，这些“不可能”大多是人们的一种假想，只要能拿出勇气，那些“不可能”就会变成“可能”。我们很多时候之所以不能成功，缺乏的不是才能和机遇，而是缺乏那种大胆尝试的勇气。在困难面前，丢掉勇气，可能会变成不可能；在绝望面前，重拾勇气，不可能就会变成可能和成功。

丢什么也别丢掉勇气

有一个来自意大利的小伙子，他的家庭出身经常遭到别人的耻笑——他的父亲是一个赌徒，母亲是一个酒鬼。小伙子在高中时辍学，成为无业游民。小伙子想要成为一名电影明星，但是天生的歪嘴，让他的理想似乎变得不可能实现。

但是勇敢的心让小伙子决定尝试一下。他孤身一人来到了好莱坞，找到导演说：我要当演员！不可能，因为导演不会让一个天生的歪嘴去弄砸自己的票房。在经历了许多次拒绝之后，他并没有放弃自己的理想。他在好莱坞打扫厕所。在厕所里，他可以每天都见到导演，一见到导演，他就去说我要当演员。就这样，小伙子经历了一千多次拒绝。

守得云开见月明，最终小伙子的毅力和勇气终于获得一位导演的赏识，他主演的电影创下了全美的收视纪录，这个小伙子成为了好莱坞最顶尖级的男明星，后来的出场费高达1700万美金——这个小伙子就是好莱坞传奇影星史泰龙。

每天遭受嘲笑，他没有丢掉勇气；每天住在垃圾厂的汽车里，他没有丢掉勇气；每天清扫厕所遭人白眼，他没有丢掉勇气……最后，他成功了。

丢掉什么，也别丢掉勇气，因为勇气是你转败为胜、扭转乾坤的唯一保障。一无所有的史泰龙正是凭借着不屈的勇气，在贫困的生活中、在挑剔的好莱坞导演面前拔地而起，获得成功。

成功人人都想拥有，但是光彩的成功背后却有着不为人知的艰辛，在一次次跌倒的时候，需要勇气支撑自己；在丧失信心的时候，需要勇气鼓舞自己；在迷惑、茫然的时候，更需要勇气安慰自己。

如何找回自己的勇气

找回勇气是战胜困难、获得成功的前提条件，在丧失信心的时候，要努力找回自己的勇气。那么怎样找回自己的勇气呢？

首先，认识自己丧失勇气的原因。重拾勇气，首先要战胜过去，战胜过去就要直视自己的失败。找到自己丧失勇气的原因，分析原因，找到对策，让自己有信心战胜困难。

其次，要设定目标，做好准备。设定一个坚定的目标，贯注信念，专注其中，为自己打气，告诫自己要鼓足勇气，不达目的誓不罢休。并且做好充分的准备，这样更容易让你达到目标，更能让自己的勇气“有的放矢”。

最后，要为自己订立约束，设立榜样。为自己订下约束，给自己一点压力，给自己设立一个榜样——这样的话，你就会增强自己的定力，为自己找到合适的坐标，随着时间的推移，你的信心就会增强，就会为自己提供源源不断的勇气和力量。

先干起来再说

西班牙有句哲语，“在你自己徘徊不定的时候，先放手去做，这样总比袖手旁观好得多。”当看到机会在我们面前的时候，因为自己缺乏勇气，不敢放手去做，致使机会白白溜掉，的确让人嗟叹不已。

失败者、失意的人最常说的一句话就是：其实，我早就想到了，可惜我没做。比如：“几年前我就知道这事可行，可是那时候没敢去尝试，如果我几年前就开始那笔生意，早就成千万富翁了！”“如果我早一点鼓足勇气向她表白我心里所想的，也许她身边的新郎就是我。”有机会迟迟不见行动，事过境迁再来后悔，正是小人物的通病，也是小人物的悲剧之所在。

成功不是等出来的

在德国，有一个才华横溢的贵族，他和歌德是好友，两人经常在一起讨论文学和哲学，他们都有一个共同的愿望——成为举世闻名的大作家。

在歌德要写《葛兹·冯·伯里欣根》的时候，年轻人也宣布自己要写一部有关爱情的小说，并且表明自己已经有了很好的构思，想和歌德一齐出版小说。

歌德写完《葛兹·冯·伯里欣根》后，问他："你的小说写得怎样了?"贵族说道："那本书由于时间关系，我还没有写。你知道我的事情太多了，但现在我已经有了一个更好的构思，计划写另一部更有思想性的书。我想应该比你的《葛兹·冯·伯里欣根》还要出色。"

于是就这样，贵族一直变更着自己的计划，等到歌德写完震惊文坛的《浮士德》之后，贵族还没有动笔，一直在等待着完美构思的完成，直到去世，贵族依然在进行着构思，但是没有一篇流传于后世的作品写出来。

拖延就等于失败，失败者一生都在等待，等所谓的机会、时间和成功的平台，等条件成熟，头发等白了，心也等老了，即使条件成熟了，也懒得去干了。

成功不是等出来的，是干出来的，不干就永远没有机会。在机会到来的时候，一定要干起来再说，边干边创造条件，边干边修正，边干边完善，只要大方向是对的，也许最初看起来不可能的事，最终就有好得出人意料的结果。

迈出第一步就等于抓住了80%的机会

在美国西进运动时期，商界流传着一句名言："先做起来就等于抓住了80%的机会"，这句话激励着成千上万的商人来到西部蛮荒之地进行创业，许多赤贫者摇身一变，成了身价百万、千万的富翁。

在俄克拉荷马州，有个以收购金矿废旧机器为生的人，名叫波尔希特。有一天他突发奇想：收一个旧机器，才赚几美元。如果将它拆卸了，分类作为金属材料卖，是否可以多卖些钱呢?

有了这个想法之后，波尔希特决定在同行中间率先去做，他先做了一个实验：把一个挖掘机器分解开，进行了旧铜、旧铁、旧铝的分类，结果令他大吃一惊，分类变卖后除去人工费竟然多卖了50美金。波尔希特通过批量收购废旧机器拆解变卖攫取了第一桶金。

后来，波尔希特发现，一些机器还能够继续发挥作用，仅仅只需更换某些零部件。于是，波尔希特就率先办起了修理厂……经过十年的发展，波尔希特成为美国西部知名的商人，产业涉及金矿开采、采金设备制造等行业。

波尔希特敢做敢干，在机会来临的时候，敢于、善于迈出第一步，于是成长成为真正的企业家，而和他一起来西部创业的乡党依然在收购旧机器。

每个人都渴望成功，但很多人却不知道该怎么做才能成功，在机会来临的时候，迈出第一步总是有太多顾虑。面对未来的许多不确定因素，在抉择的过程中逐渐丧失勇气或耐心，不去想一万，总去想万一，越想越觉得不可能，于是裹足不前，不放手去做，结果无数的可能性就在这种犹豫和等待中化为乌有。

“千里之行始于足下”，最困难的是迈出第一步。无论你的速度有多慢，只要迈出第一步，就算成功了一大半，只要坚持下去，或迟或早，总能到达目标。成功没有固定的模式，只有不变的定律——首先迈出第一步，然后一步一步地往前走。

办法永远比困难多

成功就是这样的一个过程——通过不同的手段，采取恰当的方法，战胜重重的困难，实现梦寐以求的目标。为什么能取得成功？是因为成功者想出了N种解决困难的办法，然后用办法战胜了困难。为什么导致失败？因为失败者夸大了困难，在困难来临的时候选择了逃避。

永远也不要消极地认定会有什么困难是不可能战胜的，首先你要认为你能，再去想办法，最后去一遍遍地尝试，最终你就惊奇地发现一切皆有可能。

成功者找方法，失败者找借口

你有没有发现，当自己犯了错或者把一件事做得很糟糕的时候，总会为自己找很多理由和借口，为自己辩解。当然，这是大多数人的一种思维惯性。可就是这种思维惯性，会导致你的加倍失败。

如果找借口已经成了日常生活中最为寻常的事，那么你就要注意了，成功恐怕距离你遥遥无期。比如上班迟到，你也许会把它归咎于路上堵车、闹钟坏了等很多借口，但结果却只有一个，就是迟到。不迟到是作为职员最起码的准则，为了让自己做到这一点，你有责任让自己避免一切可以迟到的因素。

沃尔玛的创始人山姆·沃尔顿曾经说过："职员必须停止把问题推给别人，应该学会运用自己的意志力和责任感，着手行动，处理这些问题，让自己真正承担起自己的责任来。"

凡是在某一领域获得成功的人，在这种情况下，寻找的一定不是借口，而是经验的总结和方法的创新。

西点军校是美国著名的军事院校，它为美国培育出了3位总统、5位五星上将、3700多名将军。同时，西点军校又不仅仅是一所军事院校，因为它为世界500强企业培养出了1000多名董事长、2000多名副董事长、5000多名总经理与董事。

西点军校之所以如此神奇，就是因为它始终把"没有任何借口"作为最重要的行为准则。它要求学员们在任务面前不要找任何借口，哪怕是看似合理的借口。

这里有一个优良传统，就是学员从入学第一天起，就一直被灌输"没有任何借口"的思想。当学员们被军官问话，只能做出四种回答："报告长官，是！""报告长官，不是！""报告长官，不知道！""报告长官，没有任何借口！"

因此，请改掉遇到问题就找借口的坏习惯，而要以积极的心态来找寻解决问题的方法，前面的路才会越走越宽广。

多想一种方法，就多了一重成功的砝码

在人类航天史上曾经出现这样的问题：当时电脑还没有普及，宇航员在外太空需要记录一些实验数据，但是在失重状态下用圆珠笔或钢笔根本写不出任何字迹，无法做完整的实验记录。

这可急坏了一些科学家。于是，科学家们用了10年时间，耗费了近百亿美元来攻克这个难关，科学家们的努力最终失败了，现有的研发资金难以维

系这个研发项目，于是美国一些科学家得出一个结论：在外太空写字根本办不到。

相比较，苏联人则聪明得多，他们在经历了多次失败之后，面对巨大的困难，想出了一个“曲径通幽”的高招：用铅笔来记录，铅笔不受温度和失重状态的限制。

一个看似不可能实现的事情，一个看似难以逾越的障碍，被苏联人轻松地攻破了——不是困难太强大，关键是没有找到恰当的好办法。

在生活和工作中，如果我们碰到一个看似难以逾越的困难，我们该怎么办？这个时候，就需要我们看低困难，在心中暗示自己：“其实这个困难是可以战胜的，只要去想办法，一定能成功！”然后围绕困难来思考办法，可以尝试多种思维方式，比如“突破习惯性思维”、“发散思维”等，找出最合适的解决办法。

在困难面前，多尝试几次

如果你认为自己面临的困难永远不可能战胜，那它也永远只能是摆在你面前的绊脚石；如果你相信困难终会被克服，自己一定能获得成功，那这困难就会成为磨砺你的工具，就没有什么能让你屈服的事情。在没有穷尽自己思路去想办法之前，不要在困难面前为自己设限，一旦设限，那种设定的界限将是你自己一生都无法逾越的障碍。

在二战时期，美军一辆军用大卡车装载着一车军用物资输往前线，这辆卡车太高了，司机看不清楚路况，大卡车卡在了一座路桥下面。美军把军营里面中最优秀、最聪明和身价最高的工程师都找来，一起商量应该怎么处理这起“事故”。

专家们带来了先进的测距仪器，集体讨论这个议题，但是过去了好几个小时，始终想不出如何能在不破坏桥梁的条件下移动卡车。一切看起来似乎都太复杂了，看来只能炸桥了，于是一堆炸药从后勤部队调运过来，准备就绪了。

有一个士兵看到了，笑着走向这群专家，大声说道：“对不起，先生们，你们真的想把这座可怜的桥梁炸掉？我觉得应该试着多想、多尝试几次……”士兵看了一会儿现场，对专家们说：“你们为何不把轮胎的气放掉？给轮胎重新打气比炸桥应该容易得多。”

根据士兵的意见，车辆顺利通过了大桥。一个看似不可能完成的任务，在士兵的只言片语中迎刃而解。

在事业发展中确实有许多的“不可能”萦绕在我们心头：资金短缺，项目不可能进行；时间紧张，不可能完美地处理好这件事；人手不够，不可能在如此短的时间内，将任务完成……

“不可能”无时无刻不在侵蚀着我们的意志和理想，其实，这些“不可能”大多是人们的一种想象，只要能拿出勇气主动出击，那些“不可能”就会变成“可能”。

行动是最快的捷径

在期待成功的人群中总会有一些绝顶聪明、妄图不劳而获的人，他们有满腹的成功学大道理、满脑的成功的方式和方法，但是他们却永远停留在事业的起点上，距离成功相去甚远。

相反的，有一些天赋资质欠佳的人，却心怀对成功的渴望，像蜗牛一样缓慢“爬”向成功，不管距离多远，一步步永不停歇，依靠着扎实的行动，靠着自己坚忍不拔的勇气，最终收获了成功。

“千里之行始于足下”，其实，捷径就在我们的脚下。

“书山有路勤为径，学海无涯苦作舟。”事业的成功，没有捷径可走，只有付出行动，在“勤”和“苦”中摸索、付出，才有成功的希望，从这一点上来说，行动是成功的最快捷径。

成功的秘诀

有两个朝气蓬勃的年轻人蒙贯和混元问佛祖说："您能赐予我们成功的秘诀吗?"

佛祖大手一挥，一座壁立千仞的高山便立于面前。佛祖说："翻过这座山，我就会告诉你们想要的答案。"

经过一天简单的准备，蒙贯和混元收拾行囊就上路了。野兽出没，荆棘密布，艰难步行一个月，两个年轻人眼望高山，发现自己才前进了一点点，山顶依然是遥不可及。蒙贯决定寻找一个捷径翻越这座山，混元则决定步行翻越大山，一个人上路了。

混元风餐露宿，经过一年的时间才翻越这座大山。蒙贯先是凿隧道，后来发现石头太坚硬了，放弃了。后来，蒙贯遍寻山间小道，想要绕过这座大山，寻找了半个月，发现周围都是悬崖峭壁，根本不可能，一年后，蒙贯放弃了，回到了山脚。

蒙贯和混元如约来到佛祖面前询问成功的秘诀。佛祖看着两位年轻人，说道："成功的秘诀其实在你们脚下，用双脚和行动征服困难，除此之外，你们别无选择。"

只要去行动，总会有成功的机会，成功的秘诀就在于脚踏实地的行动。成功的技巧会有，但是成功永远不可能投机取巧。

成功者与失败者并没有多大的区别，只不过是失败者用想法代替行动，而成功者则是踏踏实实地去用行动来测量起点与成功的距离。

永不停歇地奋斗就会成功

追求成功就是不断碰到各种问题、不断解决各种问题的过程。问题之所以成其为问题，是因为它永远不会自动消失。唯一的办法就是永不停歇地去奋斗。

所以，面对问题或难题，我们不应该回避，更不能惧怕困难，而是要积极地思考解决的方法，只有这样，才能克服困难，获取成功的果实。

两只贪吃的小老鼠掉入了一桶牛奶中。求生的本能让它们惊恐地游来游去，但是，游了好长时间还是看不到希望，两只小老鼠精疲力竭了。

灰老鼠就对白老鼠说："我累了，与其这样累死，我还不如直接淹死算了，还能痛快地去死。"

白老鼠鼓励灰老鼠说："不要放弃，继续游，也许就会出现奇迹的，只要能坚持住，总会有办法的。"

可是，灰老鼠还是停下来了，觉得生存无望，于是"痛痛快快"地沉到牛奶桶底，淹死了。而白老鼠则继续不停地游动着，终于奇迹出现了：在白老鼠的搅拌下，牛奶慢慢凝固住了，形成一个奶酪团。白老鼠看到了希望，继续游动，不久，脚下的奶酪球变硬了，白老鼠奋力一跳，逃生成功了。

当看似不能逾越的问题和困难出现时，许多人的第一反应就是逃避和放弃，而不去想怎样去克服。逃避会养成习惯，习惯了退避和逃避，最终就会导致自己"无路可退"。

坐以待毙只能导致失败，只有像白老鼠一样永不停歇地奋斗，凭借我们自身的能力、经验、智慧、韧劲，才能克服困难，解决那些妨碍我们实现成功的困难，顺利走向成功。

第五篇

养脾胃——修炼毅力

- 以内养外：脾胃是生命的基础
- 任何人和事都不能将你击倒
- 压力与动力仅有一步之遥
- 锲而不舍才能成就传奇
- 不让懒惰成习惯
- 学会自我节制
- 一步一个脚印
- 耐心等待成功的到来
- 掌控自己的时间

以内养外：脾胃是生命的基础

中医认为，“脾胃是后天之本”。脾胃关系到人能否得以生存，关系到其他脏器能否顺利运行，同时关系到人的情绪和精神状态。

我们的老祖先很早就发现了脾胃虚弱能够影响人们的情志，比如“胃不和则卧不安”，意思是脾胃不好会造成失眠、心烦、疲倦等，做什么事都静不下心来。所以，脾胃不好的人精神状态也不会好。如果你觉得自己十分懒惰，做事总是不能持之以恒，缺少毅力，那么就要考虑自己的脾胃状况是否良好了。

脾胃是生命的根本

中医所讲的脾和胃，并不是西医解剖学中的脾胃两个器官，而是一个综合的概念，包含了腹部小肠的消化吸收，同时包括胃、肠、肝、胆、胰等消化器官的生理功能。

《黄帝内经》中曾说道：“安谷者昌，约谷者亡。”也就是说，人在生病时，只要还能吃饭，就表明胃气尚存，那么病情就有望治愈；如果病到已不能进食，则表明胃气已绝，那么病情会逐渐加重，危及生命。比如，诸葛亮之所以活了54岁就死了，主要就是因为他平时政事繁多，操心费力，长期进食甚少，导致思虑伤脾、胃气衰败。

《脾胃论》中说："百病皆由脾胃衰而生"。就是说，脾胃功能如果健全，则体丰肤泽、面色红润、四肢强劲、精力充沛；反之则肌肉消瘦、面色萎黄、四肢无力、神疲力乏。

导致脾胃不和的原因有很多，比如暴饮暴食，一日三餐不规律，或冷或过热；环境湿热或寒湿，脾被湿困；思虑太过，操劳无度，抑郁寡欢等。因此，调养脾胃要从日常生活中的点滴做起。

脾胃与精神状态的关系

从中医的角度上说，如果脾胃受损，那么供养其他脏腑的气血就没有了来源，从而就会导致气血亏虚或升举无力，不能奉养神明，则容易发生癫痫、痴呆、善忘、恍惚、易惊善恐、头晕疲乏等精神上的病症。

小孩子都很好动，很少有静下来的时候，注意力也总不能集中，其中一个原因就是因为幼儿的脾胃发育并不健全。也就是说，当小孩子的脾胃没发育完善的时候，是很难让他们具备超强的毅力的。

现代医学研究也表明：大部分消化不良及肠易激综合征患者，都伴有焦虑、抑郁、恐惧等症状。同时，有研究发现，胃肠道组织中的神经细胞数量之多，居然与大脑相近！因此，美国神经生物学家将肠神经系统称为人体的"第二大脑"。

临床上还发现，胃的充血、蠕动及分泌物增加与发怒、紧张、攻击行为有关；胃黏膜苍白及胃肠蠕动、分泌下降，则与恐惧、抑郁有关。

可见，脾胃与精神状态的关系是多方面的、复杂的调控关系。具体是如何调控的，我们不需要了解。只要记住，想要成就大事，就一定从调养自己的脾胃做起。正所谓"身体是革命的本钱"，就是这个道理。

一年四季常调脾胃

脾胃是需要经常调养的，首先要在饮食上下工夫。如果饮食不规律，暴饮暴食，或者经常吃一些不易消化的东西，就会损伤脾胃。尤其是患有胃病的人，更要注重饮食，以温、软、淡、素、鲜为宜，做到定时定量，少食多餐，不吃过冷、过烫、过硬、过辣、过粘的食物，戒烟禁酒。

其次就是不能过劳或过逸。中医认为，劳神过度会损伤心脾；过逸会则导致气滞血瘀，脾胃呆滞。因此，日常工作要懂得劳逸结合。

同时，情绪也能影响脾胃的健康。如果精神压力大，或长期情绪不良，就会造成阳气不足，从而导致了脾胃功能的紊乱。因此，情志舒畅也是调养脾胃的基础之一。

最后，调养脾胃还要注意经常做适量的运动。日本一项最新研究显示，多动脚趾可以养脾胃。事实上，这个观点中医早有论述。脾胃虚弱的人经常活动脚趾，就能使体内气血通畅、阴阳平衡、扶正祛邪，起到调养脾胃的作用。

任何人和事都不能将你击倒

世上没有一个人是天生刚毅的，但所有人都能培养出刚毅的性格。犹豫、顾虑、担忧、动摇、失望……这些消极的心态，在每一个强者的内心世界也都曾经出现过。而他们之所以还能被称为强者，是因为他们最终能战胜自己，战胜困难。鲁迅曾经彷徨过，伽利略也曾屈服过，奥斯特洛夫斯基在遭遇挫折的时候甚至想到过自杀，但这并不能阻止他们成为坚强而刚毅的人。

刚毅的性格如何得来？就是在不断的苦难中磨砺出来的。苦难愈大，斗争愈艰巨、愈持久，愈能培养和锻炼刚毅的性格。当然，刚毅性格的培养并不是一朝一夕形成的，它是长期磨炼、潜移默化的结果。

没有什么你不能忍

一个日本人在车祸中烧成了重伤，全身有2/3的面积重度烧伤。虽然经过医院治疗，他已经没有生命危险，但却已面目全非。妻子害怕见到丈夫这张吓人的脸，离他而去。

不过，这个日本人很快就重整旗鼓了，做起了火炉生意。然而不幸的是，他又遇到了飞机失事，虽然得以生还，但腰部以下终生瘫痪。在医院治疗期间，他认识了一位漂亮的护士小姐，并且喜欢上了她。

让所有人都意想不到的是，一年后，他娶了那个漂亮的护士，而且两人生活得十分幸福。不久，这个日本人成了百万富翁、千万富翁，也成了日本最具影响力的人物之一。

“任何人都不能将你击倒，击倒你的唯有你自己。”每个人都会遇到挫败，挫败并不重要，重要的是你怎样在以后的日子避免挫败，走向成功。

美国总统罗斯福从小就经受小儿麻痹症的折磨，著名作家海伦·凯勒又瞎又聋又哑，卡通大师沃特·迪斯尼曾经精神崩溃……他们最终都在各自的领域获得了成功，因为——没有什么能将他们打倒！

成大事，就要忍得了屈辱

人最受不了什么？有人认为是贫困，有人认为是疾病的折磨，有人认为是饥饿，但更多的人，最受不了的就是屈辱。据说在监狱里关了十几二十年的罪犯，大多是带着满腔恨意出狱的。所以出狱后，他们往往变本加厉，犯下了更大的案子。

成大事，就要忍得了屈辱。然而，所谓的“忍”，并不是单纯而被动地接受和认可，而恰恰是以积极主动的态度，超越困境，超越自己，从中获得学习成长的机会，从而变得更加强大。

很多智障儿的家长都有过这样的经历：一开始，他们并不能接受自己的孩子“不正常”的这个事实，但经过漫长的岁月，他们已经能在照顾孩子的艰苦和磨难当中，慢慢释怀，仿佛自己的心已经被打开来了。因为慢慢地，他们变成了强者，能用接受考验的心情欢喜承受。即使在外人看来，他们的处境是痛苦不堪的，可他们却能体会出幸福。

忍能够化解矛盾和冲突，可以帮助人们最终实现心愿。能忍的人总是功成名就，而不能忍的人却往往难成大事。古今中外，成就大事者，无不能“忍”。

屈辱的力量实在太大了，它能泯灭一个人的理想，也能成为鞭策一个人发愤成功的动力。屈辱是好是坏，完全取决于受屈辱的人是否能接受，能否忍得住。

心理学家认为：人有三大精神能量源——创造的驱动力，爱情的驱动力，压迫、歧视的反作用驱动力。屈辱就是一种精神上的压迫，如果你用积极的心态去面对它，它就像一根鞭子，鞭策你鼓足勇气，奋然走向宽广的成功之路。

逆境要忍，顺境也要忍

身处逆境，固然要忍辱负重、蹒跚前行；而身处顺境，甚至飞黄腾达的时候也要“忍”，这又是为什么呢？人生在世没有人不想往上走，走得越高越好，到了“一览众山小”的时候，那是多么的壮阔！可那却一定是个缺热、缺氧又人烟稀少的地方。

正所谓“居庙堂之高和处江湖之远”，“春风得意马蹄疾，一日看尽长安花”。很多人在失意的时候都能自励，最终奋发图强。可一旦春风得意，很多人却会得意忘形，一种轻浮、狂躁之气会不自觉袭来，使人很容易一意孤行，听不进他人的合理意见，容易犯错误和脱离现实，从而惹祸上身。因此，身处顺境就更要居安思危。成功要忍，欢乐也要忍。

“生于忧患，死于安乐”，这是自然界和历史发展的辩证法。因此，如果你是商人，就要在事业蒸蒸日上之时，懂得留一半清醒，来观望竞争对手；如果你是农民，就要在春播秋收时分，也要抬头看一看老天的脸色，以备不测；如果你是学生，就要在生活无忧的时候，也不忘记考虑一下未来人生的艰难考验……人的一生，顺境与逆境常常交替出现，但无论何时何地，都要“忍”。

压力与动力仅有一步之遥

在这个世界上，人人都经历过或仍旧处于情绪低落、疲劳、失眠、头痛等令人烦恼的状态。许多人都奔波于社会、家庭和事业之间，身体和精神上都严重透支。可以说，压力无处不在，无时不有，要想完全避免它是不大可能的。那么，我们该怎样面对压力呢？

压力是生活的必需品

非洲草原上，每天早晨，羚羊睁开眼睛就要思考的第一件事就是：我必须比跑得最快的狮子还要快，否则我就会被狮子吃掉。

与此同时，狮子刚刚睡醒，闪现在脑海里的第一个念头就是：我必须比跑得最快的羚羊还要快，否则我就会饿死。

在生存的压力下，羚羊成为奔跑健将，狮子成为草原猎手。

人跟动物的这种生存需求是一样的。人们为了生存，为了更好地生活，会面对各种各样的压力，也需要这些压力，使自己不断地进步。

试想，如果越王勾践没有压力，没有数十年来如一日期的卧薪尝胆，就不会有三千越甲可吞吴的壮举。这就是压力，它是生活的必需品，是逼人成功、让人没有退路的动力源泉。

压力是动力的源泉

美国麻省理工学院曾经做过一项实验：人们用几十根铁圈把一个正在生长的小南瓜紧紧地箍住，然后每天观察南瓜的生长，测试南瓜究竟能够承受多大压力。

一开始，专家们认为南瓜最大能够承受大约500磅的压力。然而一个月过去了，南瓜承受了500磅的压力后并没有爆裂。又过了一段时间，南瓜承受了1500磅的压力，令研究人员颇感惊讶。

在南瓜承受到了2000磅压力时，人们不得不加固铁圈，因为它很快就会被南瓜撑开。实验的结果是，南瓜在承受了超过5000磅的压力后，皮才破裂。

研究人员切开这个南瓜，发现它里面充满了坚韧牢固的层层纤维；为了吸收充足的养料，好突破箍在身上的铁圈，南瓜的根部竟延展了8万英尺长。

这个实验充分说明了压力的巨大作用，它能让一个小小的南瓜具备无穷的力量，肯定也能挖掘出人类的无限潜能。

相信关注奥运的人都不会忘记，44岁的射击老将王义夫在令人窒息的气氛中，举起枪，干脆地射出最后一发子弹的情景。这一枪，让他为中国军团夺取了第二枚金牌。

王义夫是中国军团年龄最大的运动员，他曾经说过：“我们老运动员所面临的压力，和年轻运动员相比有很大的差别，射击也受体力、精力的限制，当巅峰期过后，身体状况下降得很厉害。我是靠自己的努力，才走到雅典……年轻队员练一上午，我只能比他们多练一下午；他们打一枪，我就得想办法打两枪，总得要比他们多积累一点儿。”

正是压力，给了王义夫动力，让他多次站在世界最高体育盛事的领奖台上。在成功者的眼中，压力就是动力。他们把在压力下取得成就的过程归结为：压力——动力——胜利。也就是说，压力产生动力，压力决定动力，压力与动力的结合又会产生出意志力、毅力、耐力、执行力、战斗力，最终生成能力、权力、盈利、胜利。正如斯大林所说：“只有伟大的压力，才会产生强大的动力。”

给压力一个出口

虽然压力能够激励人进步，但凡事都要有一个度。过度的心理压力对生理和心理都会产生反作用，使人容易疲倦、暴躁、焦虑，甚至患病。因此，要尝试给压力一个出口，适当地缓解压力。

首先，要把心态放平和，适当降低自己的目标。如果过分地追求完美，对自己要求过于苛刻，又或者由于虚荣心导致自己追名牌时装、用高档化妆品、住豪华的房子……就会使自己陷入压力的漩涡中不能自拔。要知道，金钱、名誉、地位，这些并不是生活中最重要的东西。因此，适当降低一下自己的目标或标准，摆脱贪欲，放松一下心情，这是缓解压力最根本的方法。

其次，要懂得享受生活。每天拼命地赚钱，为的就是更好地生活。可是很多人虽然挣到了钱，却不懂得享受生活。因此，适当给自己放个假，让身心在愉悦、轻松的环境中松弛一下，压力自然会小很多。

最后，要注意休息。现实生活中，许多人都将自己的全身心投入到工作中，很少有休息的时间。其实，过于疲惫反而会使人的工作效率低下，从而导致过分的焦急与紧张。因此，要适当的休息，这会帮助人们缓解疲劳，放松心情，减轻压力。

锲而不舍才能成就传奇

“不积跬步，无以至千里；不积小流，无以成江海。”没有一种成功是半途而废得来的。就如同跑马拉松一样，成功与失败往往取决于能否坚持到最后。

现实中的很多人，在向自己的目标前进时对遇到的挫折缺乏足够的心理承受力和自信心，因而经常中途放弃，使希望化为泡影。很显然，退出比赛的人永远不会获胜。因此，锲而不舍才是成功的基础和保证，才成铸就传奇的人生。

经常放弃，就永远不会成功

日本的日立集团是全球最大的综合跨国集团之一。该公司在招聘推销员时，人事经理并不重视应聘人员的简历，只会对他们说“电梯坏了”，然后带着几十个应聘者从1楼往位于32楼的办公室爬。

结果是，一部分人在一楼等电梯修好，一部分人走了一半就放弃了，而坚持到最后的几位应聘者则全部被录用。

一个人如果遇到困难，只要能继续努力，信心百倍地寻找解决问题的方法，那么他今天的失利，就不是真正的失败；相反，如果他失去了继续作战的勇气，那就是真的失败了！

美国著名电台主持人莎莉·拉菲尔已经工作30年了。在这30年中，她曾经被辞退18次。然而，莎莉·拉菲尔从未放弃。一开始，由于美国大部分的无线电台都不聘用女主持人，因而没有一家电台愿意录用她。后来，她向国家广播公司表达了自己对电台节目的一些想法。公司勉强决定暂时请她主持政治节目。

莎莉·拉菲尔很犹豫，因为对政治并不感兴趣，政治知识也不丰富。不过，她最终决定挑战自己，在第一期节目中利用自己的长处和平易近人的作风，大谈即将到来的国庆节对她自己有何种意义，还请观众打电话来畅谈他们的感受。结果，莎莉·拉菲尔一举成名。

在接受访问时，她曾经说过："我被人辞退18次，本来会被这些厄运吓退，做不成我想做的事情。结果相反，我让它们鞭策我勇往直前。"

在拼搏的过程中，如果你放弃了，那么将一无所获；如果你坚持住了，有时往往只是一小步，你就可以到达胜利的彼岸。

积累人生中的每一点成绩，积累生命中的每一次挫折，它们将把你的成功基石垫得越来越高，让你的成功之路格外精彩。

成功就是重复做最简单的事

著名的推销大师在即将告别职业生涯时，应社会各界的邀请在一家体育馆里做告别演说。当天，体育馆内座无虚席，5000人都在热切地、焦急地等待着当代最伟大的推销员作精彩的演讲。

终于，大幕徐徐拉开了，舞台的正中央吊着一个巨大的铁球。为了这个铁球，台上搭起了高大的铁架。大师走了出来，站在铁架旁边。所有人都用期盼的眼神望着他，不知道他要做出什么举动。

这时，两位工作人员抬上来一个大铁锤。大师对观众说："有谁能使这个吊球晃动？"虽然人们都不明白大师究竟要干什么，但很多身体强壮的人都上台试了试，可是铁球却一动也不动。

这时，大师从上衣口袋里掏出一个小铁锤，然后认真地面对着那个巨大的铁球敲打起来。他用小锤对着铁球"咚"敲一下，然后停顿一下，再一次用小锤"咚"地敲一下。全场的人都百思不得其解。

就这样，10分钟过去了，20分钟过去了，体育馆内开始骚动，有的人甚至叫喊起来，以发泄对大师的不满。然而大师却不做任何回应，依旧敲着。馆内的人开始愤然离去，留下来的人勉强压抑住了愤怒离场的冲动，安静下来。

大约又过了20分钟，坐在前面的一位女士突然尖叫一声："球动了！"一时间，馆内惊呼声迭起。球真的动了，而且随着大师一小锤一小锤地敲着，它越荡越高，拉动着那个铁架子"哐哐"作响。终于，馆内爆发出了一阵阵热烈的掌声。

大师停止了敲击，最后只讲了一句话："成功就是简单的事情重复去做。以这种持续的毅力每天进步一点点，当成功来临的时候，你挡都挡不住。"

演讲结束时，馆里只剩下了500多人。没有听见这句话的4500人，或许与成功擦肩而过，走向了平庸；而留下来的500人，后来都成了各行各业中的杰出人物。

的确，成功其实很简单，有时就只是重复做最简单的事情，只有持之以恒地坚持下去，才能最终拥有它。

为自己增加坚持下去的砝码

做事要持之以恒，这是大多数人都明白的真理，可是有些人却很难做到。那么，究竟该如何坚定自己的毅力呢？

首先，自我暗示。积极的自我暗示能使自己获得信心。在你从事紧张的工作之前，尽量使自己进入安静舒适、昏昏欲睡的松弛状态，然后反复默念一些建立信心或给人力量的话。

其次，自我奖惩。做事靠自觉，但自觉也需要动力，因此要学会自我激励。自我奖惩即给自己提出任务、自己给自己奖惩、自己命令自己、自己做自己的司令员、指挥员。如果坚持到了一定的阶段，你就可以奖励自己做一件有兴趣的事，比如到海边度假。这种奖惩制度将能够刺激你坚持下去，直到成功的那一天。

最后，培养兴趣。美国著名的运动心理学专家丹·贝克曾经说过：“人们之所以能够持之以恒地执著于一个目标，能否保持既有的兴趣至关重要。”比如，如果你想要减肥成功，又不喜欢跑步等一些剧烈的运动，不妨尝试一下骑自行车在野外兜风的感觉，培养这方面的兴趣。

不让懒惰成习惯

人人都会有懒惰的时候。可以说，惰性也是一种本能，没有人从一生下来就很勤劳的。但如果不能克服这种惰性，培养自己勤劳的习惯，那么做任何事都不可能成功。

高尔基曾经说过："天才出于勤奋。"从古到今，凡事成大事者无不是靠勤奋而得来的成就。因此，勤奋是成功最起码的要求和品质，而懒惰也是最能阻止人前进的障碍。

天道酬勤

一心只想着享乐，并且总是又为享乐找借口，这就是懒惰。懒惰只能让人有片刻的享受，摆脱劳动的痛苦；但是它换来的却是长久的痛苦，却是一事无成。只有经过顽强的拼搏得来的收获，才能给你恒久的欢乐。

古语有云："天道酬勤"。也就是说，上天偏爱于勤奋的人，付出的努力一定会有所回报，也说明了机遇和灵感往往只光顾有准备的人，只垂青于孜孜以求的勤勉者。

做什么事情，都必须付出劳动，世界上没有不劳而获的事。想要获得成功，就必须勤奋。

古希腊有一位演说家，名叫德摩斯梯尼。他从小因为口吃，受尽了周围小朋友的嘲笑。在学校登台演讲时，他声音含混，发音不准，常常被雄辩的对手压倒。

然而，德摩斯梯尼并不灰心。为了克服这个弱点，战胜雄辩的对手，更为了自己能够说上流利的话语，他每天嘴里含着石子，面对大海朗诵，就连爬山、跑步时也会边走边练习演说。就这样，德摩斯梯尼坚持了五十年，最终成为希腊最有名气的演说家。

可见，勤奋可以克服一切困难，并能铸就成功。没有人能只依靠天分成功。上天给予了天分，而勤奋将天分变为天才。

摆脱拖沓的恶习

懒惰最直接的表现就是拖沓。有些人总爱把要做的事情往后推，今天推明天，明天推后天。一旦开始遇事敷衍拖拉，就很可能一直拖延下去，直至变成一种无法摆脱的恶习。

美国哈佛大学人才学家哈里克说："世上有93%的人都因拖延的陋习而一事无成，这是因为拖延能杀伤人的积极性。"

二战时期，在引发太平洋战争爆发的日本袭击珍珠港事件中，第一波日军轰炸机被美军雷达观测站发现了。基地的值班军官判断，这是从美国本土飞来的己方机群。当时，他的上司对这个判断产生过怀疑，本想去核实一下，但他却并没有立刻去做。

结果几分钟后，日机扔下了第一批航空炸弹。如果这一情况能够被及时查证，如果基地的战斗警报能够提前拉响两分钟，或者一分钟，就有可能挽救基地的美军人员。

人人都知道，拖延就是浪费时间，可事实上弊端远不止这些，它使人失去进取心，它会让各种机遇的大门不再向我们敞开。它会盗窃去你的时间、品格、能力和自由，使你成为它的奴隶。

努力克服懒惰的不良习惯

人在懒惰的时候往往都企图拼命的克服，但却总是力不从心，总是能找到各种各样的理由来让自己安于懒惰。那么，该怎样克服懒惰的习惯呢？

首先，想象着因勤奋而获得的成就感和喜悦感。大多数人因懒惰而拖延工作的主要原因就是要付出代价，不愿意忍受痛苦的过程。这时，要想象一下，完成工作后将会是多么轻松、愉悦，那么这点辛苦又算得了什么呢？

其次，从小事做起，锻炼自己克服懒惰的能力。每个人对辛苦都有一定的承受能力，并且都能够一点一点地提高。你可以从最简单的小事做起，循序渐进，慢慢提高对“辛苦”的接受程度。如果有事情要做，就马上去做，一分钟也不要耽误。时间一长，好习惯就会养成的。

最后，把事情具体化、细小化。你可以把计划和目标具体化，将分量较重的工作划分成很多小的部分，一部分一部分完成。这样，克服惰性的难度会小很多。

学会自我节制

高尔基曾说过："哪怕是对自己的一点小小的克制，也会使人变得强而有力。"自我节制是不容易做到的，因为人的欲望很多，层出不穷，比如饥饿、享乐。想要克服它们，必须要有强大的自制力。那些事业有成的人，往往能够把一个个小的欲望累积起来，成为不断激励自己前进的动力。

拿破仑·希尔曾经对美国各监狱的16万名犯人做过一次调查，结果发现：这些走入监狱的人中，有90%的人是因为缺乏必要的自制力，从而未能把他们的精力用在积极有益的方面。

强大的自制力

现代社会充满了各种各样的诱惑，很多人因为贪图一时的满足，而与成功擦肩而过，甚至毁掉了自己的一生。

有一本专门描写打猎的书，其中写到过这样一只红狐狸。它为了捕获野鸭子，经常连续几天潜伏在冰天雪地的沼泽地里，耐心地、一点儿一点儿地贴在地上接近野鸭子。如果野鸭子无意中游开了，红狐狸就用舌头舔一下嘴唇，小心地退回原处继续等候。

如此这样往返几十次，直到野鸭子一时疏忽，终于被它逮住为止。这只红狐狸凭借着强大的自制力，忍受住了饥饿和一次次失望的情绪，最终吃到了美餐。

动物的自制力可以称为一种本能，但也是令人敬佩的。如果我们能拥有这样的自制力和意志力，那么一切困难都可以克服。无论要有多么长的时间，付出多大的代价，无坚不摧的意志力终能帮助人达到成功的彼岸。

斯坦福大学的一位教授曾经在1966年做过这样一个实验：他先后把六百多名幼儿园小朋友带到自己的行为观察室，让他们从巧克力、饼干、棉花软糖等食品中挑出自己最喜欢的，但是不允许吃，只能等到实验员回来。如果他能做到，就再奖励一块食物。

大多数小孩子都没能忍住，有的马上就吃掉了，有的等了一两分钟吃掉了，有的四下张望后偷偷吃了一点儿……只有30%的孩子坚持了15分钟，直到实验员回来。

15年后，这些孩子已经上了高中。那些一直等到实验员回来的孩子，学习成绩更加优秀，做事更有计划性，与老师和同学的关系也非常好。又过了十几年，这些孩子逐渐在各个领域崭露头角，成为了各行各业的精英。

自制力强的孩子最终能够获得成功绝不是偶然。他们从小就能够为了更多的美食而忍受暂时的等待，长大后的自制力自然更加强大，因此能为了更好的成绩而忍受枯燥的学习，能在别人面前控制自己的情绪，能在机会来临时更好地把握自己。

英国著名博物学家赫胥黎曾经写下过这样的话："我们的社会需要这样的人，他年轻的时候接受过很好的训练，他拥有坚定的毅力，应意志力的要求，他的身体非常愿意竭尽全力去做任何事情。他非常聪慧，逻辑清晰，他身体所有的机能和力量就如同机车一样，根据其精神的命令准备随时接受任何工作，不管是多么精细的活，还是多么繁重的体力活。"

自制力强大的人，甚至具有推动社会的伟大力量。这种巨大的力量可以实现他的目标，成就他的辉煌。

控制住自己才能控制别人

自制和意志是紧密相连的，如果你意志薄弱，那么自制能力就会较差；如果你意志坚强，那么自制能力就会较强。增强自制力，也就是磨炼意志的过程。

自制力不但会给自身带来益处，还能通过控制自己来达到控掉其他人的目的。

有一位社会心理学家曾经做过这样一个实验：他让十多位素不相识的人围坐到一张圆桌前，让他们讨论事先准备好的问题。几个小时下来，这些人中间，不自觉地出现了一个“带头人”，其他人都有意无意地听从或支持他的观点和意见。这个人并非霸气地指导一切，而是以无形的力量影响着他人，并让周围的人不自觉地就服从了自己。

这是一种什么力量呢？心理学家研究发现，这个“带头人”是一个自制力很强的人，因而会产生一种强大的气场。仔细观察你身边的成功人士，你就会发现他们身上有一种共同的东西，那就是一种能够使周围的环境被他的言行举止控制住、吸引住的感染力和威慑力。这种影响力并非缘于他们激烈的言辞或夸张的表演，而恰恰缘于一种强大的自控能力。

世界著名的推销大师克莱门特·斯通曾经说过：“一个拥有心灵力量的人，他也许是一位宗教领袖，也许是个黑带柔道高手，也许是一个白手起家创立起大公司的总裁，他们为了达到现在这个目标，必定早在许多年前，就开始了一个漫长的过程：他们必须全神贯注，放弃许多日常欲望，做出许多牺牲，体验许多挫折的滋味，在这样一个长时期磨炼之后，他们的心灵已经变得非常强劲、坚忍、健全、平衡，这种力量的获得，没有天赋，只有依靠时间的修炼。”换句话说，“一个人，征服了自己，也就征服了世界”。

增强你的自制力

自制力的力量是巨大的，可是要如何才能增强呢？幸好，自制力就像人的肌肉一样，都是可以锻炼的。下面就来看一下增强自制力的具体方法：

首先，排除对自制力的干扰。如果你的书房里有大量娱乐的东西，就会对你的读书的自制力产生各种各样的干扰，把它们拿走。

其次，制订可行的计划和目标。目标明确了，做事才有动力。然后，当完成了目标时，再给自己适当的奖励，经便在实现下一个目标时更有动力。

最后，转移注意力。在你受到不良的诱惑时，尽量转移自己的注意力，先做一些其他的事情。比如俄国著名作家屠格涅夫给我们的忠告就是，在吵架将要发生时，把舌头在嘴里转上 10 圈，愤怒会消减很多。

一步一个脚印

如果报纸可以无限对折，那么你知道一张报纸对折了51万次的时候，所达到的厚度有多少？这个厚度接近于地球到太阳之间的距离。就是这样简简单单的动作，居然能创造一个奇迹。

“千里之行，始于足下。”一个人能否成功，不在于他的天分，而是后天的修为。如果不艰苦操劳，那么就不可能成就伟大的事业。因为成功需要稳重地、踏实地走好脚下的每一步路，而这就是成功者与失败者之间最显著的差别。

成功不可急于求成

拔苗助长的成语故事人人都知道，它正是要告诉我们，急于求成是永远不会获得想要的效果的，只有脚踏实地才能获得最终的成功。

一位农夫在地里种下了两粒种子。很快地，两粒种子变成了两棵同样大小的树苗。第一棵树很有斗志，决心长成一棵参天大树，所以它拼命地从地下吸收养料，储备起来，用来滋润自己的每一个细胞。也正因为养料全都用来供养自身，因此在最初的几年，它并没有结果实，农夫对它灰心失望。

而另一棵树同样也拼命地从地下吸取养料，但它只打算早点开花结果，好让农夫欣赏，并经常浇灌它。

几年过去了，那棵久不结果的大树由于身强体壮，养分充足，终于结出了又大又甜的果实。而那棵过早结果的树，却因为消耗了太多的能量而累弯了腰，再也结不出果实来，最后被农夫砍掉了。

可见，急于求成是不会有好结果的，因为在努力的过程中，根基没有打牢。也许有些人因为急于求成，尝到了一点儿甜头，但这只是暂时的。要知道，笑到最后才算胜利。不妨把眼光放远一些，注重自身知识和能力的积累，耐心等待，厚积薄发。

不积跬步，无以至千里

1862 年，德国哥丁根大学医学院又招进了一批新生。一天，亨尔教授把新生找来，将自己多年积下的论文手稿全部分给学生们，让他们重新仔细工整地抄写一遍。

这些新生们翻开亨尔教授的论文手稿，发现它们其实是非常工整的，根本没有重抄一遍的必要。有些学生认为，做这种没有意义而又繁冗枯燥的工作，简直是在浪费自己的青春和生命，一个字也没有抄写。有些学生抄写了几页就做不下去了，觉得还不如利用这些时间去搞研究。最后，只有一个学生坐在教室里抄写教授的论文手稿。

几个月后，手稿终于抄完了，这个学生把抄好的手稿送到了亨尔教授的办公室。亨尔教授满脸欣慰地对他说：“孩子，我向你表示崇高的敬意！因为只有你完成了这项工作。从事医学研究的人，不只需要聪明的头脑和勤奋的精神，更为重要的是具备一丝不苟的精神。尤其是年轻人，往往急于求成，容易忽略细节。要知道，医学上走错一步，就是人命关天的大事啊！而抄那些手稿的工作，既是学习医学知识的机会，也是一种修炼心性的过程。”

这个学生牢记导师的话，始终保持严谨的学习心态和研究作风。这种做事态度让他首次发现了结核菌、霍乱菌，首次发现传染病是由于病原体感染而造成的。1905 年，他获得了诺贝尔生理学与医学奖，他就是著名医学家科赫。

一个有理想的人只要不辞辛苦，默默地在脚下多垫些“砖头”，就一定能够收获理想的果实。在事业起步之际，你也许并不被重用，只是做着一些琐碎的小事。但你只要踏踏实实，认真做好每一项任务，就一定能委以重任。

要谨记，伟大的事业是由无数个微不足道的小事情积累而成的。成功不一定是做大事，把一件小事做好，并且持之以恒地做好每一件事，这才是成功的基本要素。

耐心等待成功的到来

从小，老师就教育我们做事要有耐心，但也正是因为天天的耳提面命，使很多人都忽略了它。当然，耐心这个词听起来简单，做起来难。忍耐是痛苦的，因为它压抑了人性。但是，成功往往就是在你忍耐了常人所无法承受的痛苦和寂寞之后，才出现在你面前的，而很多人恰恰就是在只差那么一点点就成功的时候放弃了。如果你没有耐心去等待成功的到来，那么就只有用一生的耐心去面对失败。

有耐心的人无往而不胜

诚然，通往成功的路上总会遇到各种各样的挫折和困难，寥寥无几的成功者正是持之以恒，耐心坚持到最后的人。

周武王听从姜子牙的建议，耐心地等待，养精蓄锐，直到十五年后，商王朝气数完全衰竭的时候再出兵，结果势如破竹，大获全胜。

现代社会，很多人都有积极行动的勇气，然而却常常缺乏等待成功的耐心。当很多人放弃的时候，也正是离成功最近的时候。

日本矿山大王古河市兵卫，年青的时候买下了一处废铜矿。人们都认为这个矿根本挖不出矿石，但古河却坚持要掘凿，因为他除了这座生死未卜的矿山，已经一无所有了。

就这样，他跟矿工们一起日夜辛苦地挖掘，睡工棚，钻行道，晒得比矿工们还黑。他在挖掘新矿坑时受了伤，但他并没有因此而打退堂鼓，伤还未痊愈就出现在了矿坑现场，继续苦干。

然而两年过去了，他们一点铜都没发现，而古河的资金却一天天地减少。身边的人都有些泄气了，但古河他却毫不气馁。

又过了两年，古河终于挖出了铜矿。事后，有人问古河成功的秘诀。他回答说："我认为发财的秘方是耐心两个字。有耐心的人，一定能够得到他所要的东西。"

的确，努力奋斗却始终未见成果是十分痛苦的，但如果因此而放弃了，那么成功也就与你擦肩而过了。当一切都已逃避、一切宣告失败时，忍耐使你总可以坚守阵地，依靠忍耐力，许多困难，甚至许多原本已经绝望的事情都可以起死还生。因此，一个人只要具备了忍耐力，最终总能获得很大的收益和成功。

沉得住气才能抓准时机

易中天曾经说过："人生有三'得'，即沉得住气、弯得下腰、抬得起头。"这既是对成熟人生多年经验教训的概括，也是一个人为人处世的准则和必备素质。

现代社会飞速发展，很多人都心浮气躁，急于求成，或者"身在曹营心在汉"，缺乏耐心和恒心。事实上，一个人只有沉得住气，踏踏实实做好每一件小事，才有可能不断迈向成功。

楚汉相争时，项羽曾吩咐大将曹咎坚守城皋，万不能出战。因为只要能阻止刘邦半个月，项羽就能获胜。项羽走后，张良马上使用"骂城计"，派兵进抵城皋城下，辱骂曹咎。

一开始曹咎还坚持忍耐，但时间一长他就沉不住气了，带领人马杀出城门。不料汉军早已埋伏在城外，只等楚军出城。霎时间，山摇地动，刘邦杀得曹咎全军覆没。

唐僧玄臧在前往西天取经的路上，饮尽了最后一袋水。在最后一名随从也离他而去后，他没有回头，而是暗暗立下誓言：不取回经书，决不踏回大唐国土一步。正是因为他的坚持与忍耐，最终才得以取回真经。

对于平凡的生活，要保持耐心；而在遇到突发事件的时候，就更要沉得住气，保持沉着冷静，做出迅速、明智的反应，以便化险为夷，转败为胜。

沉得住气，就要克服内心的浮躁；沉得住气，就要始终如一，坚持下去；沉得住气，就要耐得住寂寞；沉得住气，就要把自己放到低处，海纳百川，努力前行。

强迫自己坚持下去

很多人都有过这样的体验，明明知道今天的工作很繁重，但就是不想动手做起来，有太多太多的理由和借口来拖延，比如没有灵感、精神状态不佳、肚子有点饿等。这个时候，就需要通过自己的努力，强迫自己开始做，并做下去。

著名作家、美国国家图书奖获得者乔伊斯·奥茨就曾经说过："对于'情绪'这种东西可不能心软。从一定意义上来说，写作本身也可以产生情绪。有时，我感到疲惫不堪，精神全无，连五分钟也坚持不住了；但我仍然强迫自己坚持写下去，而且不知不觉地，在写作的过程中，情况完全变了样。"

因此，锻炼自己——不论有什么样的理由，计划好的事情一定要做到，一分钟都不能延误。长此以往，这种坚持就会变成一种习惯，甚至不必强迫，自己也能做到了。

掌控自己的时间

“时间是成功者的资本。”没有人不知道时间的重要性，但却有很多人忽略它。时间是什么呢？是一种做任何事都离不开的东西。射击需要练一段时间才能射准，绘画需要多画一段时间技术才能娴熟，歌声需要日复一日期的练习才会动听……总之，任何一件事的成功都需要有一个积累的过程，需要人们花时间去完成。要知道，世界上没有不要花费时间就能获得的成功，也没有一蹴而就的事业。

时间不能“增产”，但可以“节约”

时间是有限的，是固定不变的，但人是活的。我们可以通过自己的努力去寻找时间，而不能让时间来等人。要知道，时间不能“增产”，但可以“节约”。

时间对于每个人来说都是公平的，但对于不同的人来说，却又总是不公平。对于珍惜时间的人，时间便会在他生命的碑石上镂刻下辉煌的成就；而对于那些胸无大志的平庸者，时间却像一个可怕的恶魔，很难打发。

总之，谁如果你利用好时间，它会给你创造无穷的价值；如果你抛弃时间，那么它也会抛弃你。

英国女作家玛·科明曾经拜访过马克思，后来她回忆道："记得有个星期日吃午饭的时候，我去晚了。主人马克思非常严厉地责备我。听了我解释也摇头，然后用低沉的嗓音嘟囔着，'用解释来纠正错误，那根本是在浪费时间。什么是人的最宝贵的东西，那就是时间。可是，偏就这样浪费掉了。自己的时间根本不珍惜，但是别人的时间呢？比如说我的时间呢？上帝，这要负多大的责任呀！'"

不要把时间浪费在没有意义的事情上

生活和工作中，很多人都在浪费时间，比如办事拖拉、会议冗长、被销售电话干扰、上班聊天、做决定时犹豫不决、事必躬亲、完美主义、盲目做事……所有这些，都在浪费着时间，消耗着生命。

当然，珍惜时间并不意味着要无休止地工作或干脆放弃休息，而是要合理地利用休息和空余的时间，不要把它花费在无所事事或没有意义的事情上。

日本著名作家川端康成自从获诺贝尔奖之后，声名远播，经常被官方、电视媒体、广告商人等拜访，做各种各样的事情。而川端康成却又不擅应酬，心慈面软，不懂得拒绝。同时，他做事十分认真，从不敷衍。

时间一长，川端康成陷入了忙乱的俗事之中，没办法解脱。最终，一代名作家选择了自杀，放弃了生命。据报道，川端康成是为了筹措笔会的经费而心力交瘁，情绪低落抑郁，才会自杀的。

川端康成成名后，将时间浪费在了众多俗事中，迷失了自我，实在可惜。如果他能从这俗事中抽身，将时间仍然用在写作上，安静度日，那么将会有更伟大的作品留传于世。

经常听到有人在感叹生活忙碌，负担过重。当然，生活中难免有推不掉的负担和责任，但在这些负担中，有许多是不必要忙碌的。只是因为我们太贪心，太追求完美，才会顾此失彼，浪费了时间和精力。因此，对于那些没必要忙的事情，就丢开它，将自己的时间用在有意义的事情上。

有效地管理时间

时间不会增产，但却可以有效地管理，做好计划，充分地利用时间，提高效率。

马尔是一位勤劳的伐木工人。一天，领导让他20天之内砍伐100棵树。接受任务后，马尔毫不拖延地投入到了工作之中，每天工作10小时以上。然而工作并没有因为他的勤劳而有所进展，砍伐的数量开始一天天减少。

马尔觉得，一定是自己用的时间还不够多。于是，他每天只吃一顿饭，睡觉时间也大大减少了，其余的时间都用来伐树。可尽管如此，每天砍伐的数量还是有减无增。

这是为什么呢？马尔非常苦恼，跑去找领导，说根本不可能完成任务。领导听了马尔的诉说，对他说："你一定每天都用这把斧头伐树吧？"

马尔点了点头："当然了，没有它我怎么砍树？"

领导又问："那你有没有磨这把斧头呢？"

马尔立即反驳："我每天争分夺秒地伐树，时间已经不够用了，哪还有时间去干别的！"

领导笑了笑说："不错，你的工作态度很好，但磨斧头是伐木的准备工作，这个时间是不能省的。你连准备工作都没做好，工作效率又怎么会高呢？"

一定有很多人都会嘲笑马尔，这么简单的道理他都不懂吗？其实在生活中，很多人都犯了同样的错误。他们每天都在忙碌，一点休息时间都没有，可是工作效率就是不高。其原因就是忘记或忽略了时间管理，没有计划好哪些必要的工作一定要花时间去做，或者该找哪些新的方法来使工作更简单、更有效率。

那么，究竟该怎样来进行有效的时间管理呢？

首先要做好计划。将自己的工作或学习做好详细的可行的计划，否则做事就会漫无目的，从而浪费很多时间。

其次要严格要求自己。也就是说，不能对自己放任自流。有些人总是抱着一种想法：“先放纵自由一段时间，等以后再抓紧也不迟。”可是要想错过最佳的时间再抓紧，所需要付出的可能是十倍、百倍的代价，要花更多的时间。因此，不要放纵自己，强迫自己遵守计划。

最后，适当地激励自己。将计划罗列出来，每完成一小项就打个勾或其他记号。当你按照计划完成了一天、一周或一个月的工作，就请适当地奖励自己一下，让自己更有成就感。这样，对于明天的计划，你会更有动力。

第六篇

养脑——增长智慧

- 以内养外：如何运用自己的大脑
- 方法总比问题多
- 跳出习惯的陷阱
- 创新是一种难得的智慧
- 像成功者一样思考
- 逆向思维的威力
- 学无止境，经常给自己充充电
- 给自己创造机会
- 善于客观地总结经验

以内养外：如何运用自己的大脑

迄今为止，脑是最为复杂的人体器官，也是科学界尚未研究透彻的神秘器官。大脑对于人类来说是至关重要的，它决定着一个人的精神世界，支配着人的思想和行动，听、说、看、学、想……这些生活中每天都要做的事，都要通过大脑来完成。

大脑虽然神秘，但我们已经掌握了它的基本构造及运行方式，并通过这些了解去完善它，增长我们的智慧。现代人经常谈到要“补脑”，尤其是学生及脑力工作者。可是，人的大脑要如何补呢？吃一些所谓的营养品真的有用吗？人的智慧通过补脑就能得以提高吗？

掌握正确的思维方式

中医认为，“脑为髓之海。”在《黄帝内经·灵枢》中就有谈到：“脑为髓之海……髓海有余，则轻劲多力，自过其度；髓海不足，则脑转耳鸣，胫酸眩冒，目无所见，夜难安卧。”可见“髓海”的作用之大，脑的功能正常与否与人体反应能力、听觉、视觉、神志以及全身状态息息相关。

那么，大脑究竟是如何工作的呢？为什么有些人的思考能力、记忆力、判断力、创新能力等都很强，而有些人却相对较弱呢？

其实，大多数人的智商都没有太大的差别，只不过是在某一方面有所侧重，某一方面稍逊一筹。然而，后天的不同经历和成长中获取的不同信息，给人的大脑带去了不一样的记忆和思维方式。一对夫妻同看一幅画，回家后讨论画的内容。结果两个人记忆中的画面却有所不同：男人说画上有一对蝴蝶，女人毫无印象；女人记得的一朵玫瑰，而男人却说从未见过。画是同一张画，记忆却有所差别，根源就在于他们思维方式的不同。

因此，增长智力的关键就是获取正确的信息，以及掌握正确的思考方法。两千多年前，古希腊学者阿基米德在浴盆里洗澡，突然脑子里灵光一现，悟出了浮力原理；三百多年前，牛顿坐在一颗苹果树下，一个苹果掉落下来，砸到了他的头上，让他如梦初醒，发现了万有引力定律。这些人们眼中的“天才”，并非天赋超人，而是在积累了大量知识后，运用了正确的思考方法，悟出了震惊世界的大发现。

“补脑”还是“养脑”

现代人都很热衷于“补脑”，它真的有用吗？科学研究发现，新生胎儿脑的平均重量为390克，出生后，大脑开始迅速发育。到了3岁左右，脑的平均重量为1100克。也就是说，一个人的大脑的重量的80%是在3岁以前形成的。因此，人在3岁以后吃大量的健脑食品，意义已经不大了。

当然，脑还是需要养的，但要用对方法。

首先，中医认为，“神安则寿延，神去则形散，故不可不谨养也。”如何养脑，首先要养神，即避免喜怒哀乐的过度刺激，更不可郁闷紧张。

其次，“起居有常，养其神也。”即生活要有规律，适当运动，做到劳逸适度，按时休息，尤其要注意睡眠的充足。从现代医学的角度上说，脑下垂体前叶分泌的前叶激素（调节机体和组织的生长）只有在夜间睡眠状态下才分泌，而副肾皮质激素（促进糖类的代谢）却只在黎明至清晨这段时间才大量分泌，因此合理的作息有利于养脑。

同时，要合理用脑。大脑不可不用，只有多思考，大脑才会被运用得更加灵活。但也不要过度用脑，如果已经头昏脑涨了，就要休息一下了。

最后，中医认为，肾与脑密切相关。“善养生者，必宝其精，精盈则气盛，气盛则神全。”脑的活动，依赖于肾精的充养。因此，养脑的基础就是养肾。

方法总比问题多

善于寻找和开拓解决问题的各种方法，这是成功人士必备的习惯和能力。卡耐基曾经说过：“当我们遇到问题时，可能是个逆境，但同时也是一个机会。一个人内在的潜能，在逆境中才会得到最大的激发。”

对于一个问题或困难，可以有很多种方法来解决，有很多条道路去走。有时候，你会觉得走进了死胡同，可是转换一下思路，拓展一下思维，也许问题很快就迎刃而解了。

提出问题往往比解决问题更重要

日本本田汽车公司之所以能拥有今天举世瞩目的成就，与他们善于提问题是密不可分的。本田公司曾经使用过提问创造性思维法来找出问题的最终原因，从而使问题得到根本的解决。

如果该公司的一台生产配件的机器突然停止运转了，管理者就会马上组织会议，进行一系列的提问来解决这个问题：

“机器为什么停止运行了?”

“因为保险丝断了。”

“保险丝怎么会断呢?”

“因为超负荷而造成电流加大。”

“怎么会超负荷呢?”

“因为轴承不够润滑。”

“为什么轴承不够润滑?”

“因为油泵吸不上来润滑油。”

“油泵为什么吸不上来油?”

“因为抽油泵发生了严重的磨损现象。”

“为什么油泵会严重磨损?”

“因为油泵未装过滤器，从而使铁屑混了进去。”

通过这一系列的问题，机器停止运转的问题最终得以根本解决。

如果问题从“因为保险丝断了”这一答案就停止了的话，那么就永远也找不到根本性的原因，问题即使暂时得到了解决，将来也很可能会再次发生。

当然，要解决实际问题，有时候并非会如此顺利，不过只要我们掌握了这种多提问题的思维方法，就不会有问题能难得倒我们。

不只一条路通向成功

问题出现了，困难降临了，逃避解决不了问题，埋怨也解决不了问题。怎么办呢？只有运用你智慧的大脑，找到解决问题的方法来，开辟出一条新的成功之路。

一个北方人带着自己十年来的血汗钱来到南方，准备做茶叶生意。然而，他到了目的地才发现，茶叶早已被其他商人抢购一空了。他非常失望，准备回家另寻出路。

可就在此时，他无意中看到了街边的一个竹筐，忽然心生一计，立即把当地用来盛茶叶的篾箩筐全都买了下来。

两天后，买到茶叶的商人们正要准备运出茶叶，却发现到处也买不到箩筐，最终只得求助于这个北方人。结果，这个北方人赚到的钱比茶商们多得多。

可见，成功的路真的不只一条，只要你发散自己的思维，想出解决问题的方法来。有时候，成败之间只有一步之遥，只是这“一步”并不一定在你的正前方，而可能是左边或右边，还可能在你的身后。这时，你需要做的就是静下心来，换个角度或方向去思考，说不定转机就在这一刹那。

把“如果”变成“如何”

如何在问题来临时积极地找方法呢？其实很简单，只要记住一点，那就是把“如果”变成“如何”。

实际上，在面对问题时，人人都有能力去解决，可是却总是有太多人被自己习惯性的退缩、抱怨、借口所限制住了。

公司里来了一位名牌大学毕业的新人，领导们都对他寄予厚望。然而一年下来，这位“人才”不但业绩平平，工作中还总是出错，没有任何建树。领导很失望，把他找来谈心，结果发现这位年轻人的心态很有问题。每当他遇到困难时，就会说：“如果……事情就不会这样。”就这样，他为自己的失误和不足找了一个又一个借口和理由。

领导告诉他：“你如果想要做出成绩，就从今天起，把‘如果’变成‘如何’。比如公司现在的广告预算有限，那么你该如何利用有限的预算让更多的客户按受我们呢？面对实力强大的竞争对手，你该如何强化我们的优势呢？客户中止了合作，原因何在？你该如何争取他呢……”

半年后，这位新人业绩非凡，被领导提升为副经理。

因此，在问题面前，积极地找寻解决方法——只要我们转变了这个观念，就不会再有困难难得倒你！

跳出习惯的陷阱

人是一种习惯性的动物。我们生活中的方方面面几乎都渗透着习惯。专家们通过调查发现，人们日常活动的 90%源自习惯和惯性。想一下我们一大的生活：几点钟起床，怎么穿衣，洗脸，刷牙，穿衣，吃早餐，坐车上班……一天之中重复着几百种习惯性的行为。

当然，习惯并不仅仅是日常惯例那么简单，它的影响十分深远。拿破仑·希尔告诉人们："习惯能成就一个人，也能摧毁一个人。"如果你被一种坏习惯控制，那么它将成为你成功道路上最难以逾越的障碍。

习惯的巨大力量

习惯是正常的，但习惯有时候也是可怕的。培根曾经说过："习惯是一种顽强的巨大的力量，它可以主宰人生。"

如果把一只青蛙放到热水中，它会立即蹦出来。然而如果把青蛙放入常温水中，慢慢把水加热，那么它将悠然自得地在水中慢慢死去。

这就是习惯的力量，水温升高一点儿的时候，由于时间很慢，因此青蛙已经适应并习惯了这个温度。

人人都会有一些根深蒂固的坏习惯，它们的形成也绝非一朝一夕，而是随着时间的推移逐步养成的，甚至连我们自己都没有留意到它的存在。

如果说成功缘于一种与生俱来的品质，那么这种品质正取决于好的习惯。它形成了人们的信仰、学习方法、对待好坏善恶的判断以及与他人的交往等。那些在各个领域中获得瞩目成就的人，都具有良好的习惯。正是这些好习惯，赋予他们健康的体魄和积极进取的心理状态，让他们的潜能得以充分发挥，使他们在面临困难与挫折时，能够迅速战胜一切，主宰命运，走向成功。

习惯的力量实在太大了，当人们一直顺着自己的习惯前行时，就会适应当下的舒适的状态。一旦前进的方向需要发生改变时，人们就很难掉头，依旧经不住诱惑，继续前行。

如何跳出习惯的陷阱

行为心理学家们研究表明：一种行为如果实行三周以上的重复，便会形成习惯；三个月以上的重复，就会形成稳定的习惯。可见，要养成一种习惯很容易，但这一般仅限于坏习惯，因为人本身对坏习惯的抵抗力较差。

要想改掉自己的坏习惯，需要经过很大的努力和毅力，需要经过很大一段时间的挣扎，需要自己给自己动力，自我鼓励，时刻提醒自己，为了目标和志向必须要这样做。而面对坏习惯，只有你自己才能够去改变与驾驭。

当然，改掉坏习惯，是有一些技巧和方法的。

首先，你需要清楚地认识到，习惯不可能根除，只能够被替换。也就是说，你只能用一种好习惯把原来的坏习惯替换掉，比如戒烟时，人们通常用大量的食物来转移烟瘾。所以在你开始行动之前，需要想清楚用什么样的好习惯来替换。

其次，你需要制定一个计划，并坚持下去。给自己一些时间，比如三个月，让自己有计划地、逐步地改掉坏习惯。如果你的计划失败了，不要气馁，因为大多数人在改掉根深蒂固的坏习惯时都不会第一次就成功。这时，你只需要调整一下，然后重新努力。

同时，你还可以找亲人或朋友来帮助你。因为在改变坏习惯或培养好习惯的努力过程中，亲人朋友的支持也是很关键的，他们可以在一旁提醒你、鼓励你。

最后，在你所能看到的地方贴上小纸条，来时刻提醒自己应该怎样做。当然，有一些习惯最好不提醒，比如戒烟，就不要用这个方法了。

创新是一种难得的智慧

“创新”这个词相信谁都不会陌生，老师在课堂上提倡我们创新，公司领导开会时要求我们创新，就连在家里做菜也要不断地创新。创新到底是一个什么概念？它真的那么重要吗？我们又该如何去创新呢？

知道事物应该是什么样，说明你是聪明的人；知道事物实际是什么样，说明你是有经验的人；知道怎样使事物变得更好，说明你是有才能的人。创新其实就是一种改变，一种让事物朝更好、更有效、更迅速的方向发展的改变。

创新能改变你的人生

创新能给你带来什么？有时候，它能加速你的成功；有时候，它能帮助你走出困境；有时候它能改变你的命运……

比利时的哈罗啤酒是当地非常著名的品牌，十分畅销。然而一开始，哈罗啤酒的经营状况并不好，连在电视或报纸上做广告的钱都拿不出来。

就在这时，一个二十多岁的青年来到了这个厂子，名叫林达。林达是一个极为普通的销售员，可是他并不甘于平凡。首先，他贷款承包了厂里的销售工作，并为之努力着。然而，当时的情况真的很糟糕，没钱做广告就不会有销售量，怎么办呢？

一天，林达经过布鲁塞尔市中心的于连广场，见到广场上的铜像，也就是于连撒尿的铜像。这座铜像背后可有着重要的意义——于连用自己的尿浇灭了侵略者炸毁城市的炸药的导火线，从而挽救了整座城市。布鲁塞尔的民众无不对这个铜像无比喜爱和敬仰。林达注视着这座铜像，突然灵机一动，想出了一个绝妙的点子。

第二天，广场上于连的尿居然变成了色泽金黄、泡沫泛起的“哈罗”啤酒，而旁边还伫立着一个大广告牌子，上面写着“哈罗啤酒免费品尝”。路过的人无不前来围观，并且喝上一杯啤酒。几天后，全市的老百姓几乎都知道了这件事情，纷纷带着瓶子或杯子排队去接啤酒。

这件事轰动了整个布鲁塞尔。而对于这样一则新闻，电视台、报纸、广播电台等媒体当然不能放过，争相报道起来。“哈罗”啤酒厂就这样免费做了大量的广告。结果，“哈罗”啤酒厂的销售产量年终时提高了18倍。

林达的一个创意拯救了一个厂子，打响了一个品牌，改变了自己及很多人的生活和命运。这就是创新的力量和意义。

一个民族，如果没有创新精神，就会因循守旧，落伍于时代，被动挨打。一个家庭，如果缺少创新精神，就难以脱贫致富，过上殷实富裕的生活。一个人，如果缺失创新精神，就会不思进取，庸碌一生。

你的思维需要创新

你可能会觉得创新是智者的专利，艰深玄妙，一般人可望而不可即。其实不然，创新一点儿都不高深，也不复杂。人人都能创新，人人都能创造新鲜事物。

只不过，人们的思维总是被自己限定住，成一条直线地走下去，这种思维方式与钻牛角尖没什么两样。如果你能把自己的思维发散开来，寻求新的方法、新的点子，甚至是奇思妙想，那么你会发现，问题太容易解决了。

战国时期，一个偏僻的小山村里住着几十户百姓。一天，从山上滚下来一块巨大无比的石头，堵住了村里唯一通往村外的路。百姓们围在一起议论纷纷，十分苦恼，一个个不知所措。

这时，一个小男孩钻进人群，想看个究竟。只见几个体力强壮的青年试图用尽全力将石头搬走，可是大石头仍然纹丝不动。小男孩仔细看了看大石头周围的情况，发现石头附近的泥土很松，突然有了主意。

他走上前来，大声说道："搬石头不一定要用大力气，我就能做到。"听到这句话，村民们都笑了起来，七嘴八舌地说："大人都办不到，你这小孩子又有什么能耐?"

小男孩并不理会，只是指挥大家在大石头的侧面挖了一个与巨石差不多大小的坑，然后让村民们齐心协力向坑里推动石头。不料这大石头竟轻而易举地就被推进坑里了。

村民们都被那块大石头给困住了，只是一门心思地想把它搬走。而小男孩却懂得通过其他途径来"搬"走巨石，从而解决了这个问题。村民们的智慧肯定不比那个小男孩差，只是思维没有发散开来。

因此，谈到创新，我们首先要做的就是打破自己固有的思维模式，多角度地去思考问题。

既要创新，也要务实

很多人认为，创新就是标新立异，就是异想天开。事实上，创造性思维的运用也必须是理性的、务实的。在思考过程中，你当然可以异想天开，但运用到实践当中去，就一定要考虑你的这种方法到底行不行得通，到底有没有意义。

日本丰田公司内部，设有一个给工人准备的"创造区"，里边放置了许多车床和工具。任何生产线上的工人只要有想法，就可以在这个区里试验。

在创造区里，工人们可以按自己的想法去实践，去修改。如果在实践途中遇到了困难，出现了停滞，可以把做成的半成品放在那里，然后贴上条，把想法写在上面，以便其他人继续研究。

可见，创新决不能与实践相脱离，一定要经过实验后，证实有价值，才算是成功的创新。

像成功者一样思考

世界潜能激励大师安东尼·罗宾曾经说过：“别人能够做到的，你就同样也能够做到。这跟你的意愿无关，而涉及你使用的方法，也就是参照那人是怎么去做的。”

其实，通往成功的路有一条捷径，那就是向成功的人学习。摆在你面前有两条路可以走：第一条路：学习—埋头苦干—总结经验—再实践；第二条路：向已经成功的人去学习，复制他们已经验证成功的方式方法。显而易见，走第二条路，前进的步伐会更加顺畅，少走了很多弯路，成功的概率也更大一些。

向成功人士学习

向成功的人学习成功的方法，就必然要接触成功者，受他们的世界观、思维方法的影响。如果巴菲特只是每天泡在费城交易所看走势图表、做技术分析、打听内幕消息，他就不会成为“股神”，而是一个小散户或者已经破产了。巴菲特的成功正因为他能不断地向成功人士学习。他曾经跟随价值投资大师格雷厄姆学习，1957年又亲自向知名投资专家费雪登门求教，最终成为一代投资大师和世界首富。

成功人士之所以能够成功，绝不是偶然，一定有着值得你学习的品质、心态、工作经验和思维模式。因此，如果经常和成功者在一起，你就能够被他们所“传染”，积聚起成功的力量。

当然，跟成功人士学习，并不等于简单地模仿，而要仔细地观察和研究成功者每天在想什么、干什么，然后复制他们的想法和行为到自己的思想和行动中，积累他们的经验，并经常思考他获得成功的一切原因。

那么，成功人士是如何思考的呢？成功人士身上有着很多的共同点：他们永远不会丧失对未来的信心和热情；永远都相信机会的存在，并为之做着充分的准备；对于机会，他并不是等待，而是通过各种途径在主动地寻找着机会，甚至创造着机会；他们从不会轻易下结论，更不会盲目排斥；他们勇于尝试，哪怕曾经失败过无数次……

向成功人士学习，下一个成功的就是你。

你需要一个榜样

我们需要向各行各业的成功人士学习，但最为重要的是，需要有一个与你奋斗方向一致或有着相同经历的学习榜样。榜样的力量是巨大的，他可以直接为你提供成功的方法和策略，在前方为你指引方向。

当你在奋力前行的途中身心疲惫时，你会想：“他肯定也会有疲惫的时候，那时他会怎么做呢？会停下脚步吗？一定不会。”

当你遇到重大的挫折时，你会想：“他肯定也遇到过困难，那时他会怎么做呢？会放弃吗？一定不会。”

榜样也是人，榜样渡过了难关，跨越了障碍，为什么自己就不可以？于是，你会紧跟着榜样，不断前行，最终也收获成功。

模仿是成功的捷径。成功最快速的方法，就是仿效自己学习的榜样，全方位地复制他的理念、方法、策略，甚至是肢体动作和讲话的方式。拥有了榜样，你就有了足够的动力，有了正确的方向。

当然，学习和模仿成功人士，这只不过是你成功的基础，并不意味着你就要一点不差地照着他们的路来走。尤其是取得了一些成绩后，你需要的就是创新，走出一条自己的路来。

用6年时间让自己的10万资产增值为1000万的崔伟宏，就是通过学习司徒延恩、巴菲特等投资大师的书籍，最终取得成功的。

但他前进的道路并没有被那些大师限制住，而是建立起自己有中国特色的“长线是金”盈利模式。

请为自己找一个榜样，让自己在相对平坦一些的道路上越走越远。

逆向思维的威力

何为逆向思维？就是当大家都朝着一个固定的思维方向去思考问题的时候，你却独自朝相反的方向思索，这样的思维方式就叫做逆向思维。我们在成长的过程中经常会有这样的体会：朝着一个方向苦苦思索但却没有任何进展；可是偶尔变换一下思路，却马上获得了意外的成功。这其实就是你在无意中运用了逆向思维的结果。

反其道而思之

抗日战争时期，日本兵把一个小村庄包围了，不让村里的人出去给村外的八路军报信。因为他们计划在村子里设下陷阱，等八路军一到，就全体歼灭。他们派一个伪军在村子通向外界的唯一的路口把守。

情况紧急，要赶快让八路军知道这个计划。可是，要如何把情报送出去呢？一个年轻的村民勇敢地担当起这个任务。他先是在天黑后悄悄来到那条路旁的芦苇地里躲了起来，然后开始观察守关卡的伪军。他发现，那个伪军一直在打瞌睡，如果村外有人来，他会很不耐烦地叫嚷："回去，回去，这个村不让进！"忽然，这个村民心生一计。

他悄悄钻出芦苇地，轻轻地走向伪军。就在伪军听到响动，刚要抬头时，他突然转身向村里的方向走。伪军抬起头看见后，还以为他也是外村的人，于是也冲他叫嚷："回去，回去，这个村不让进！"就这样，村民顺利地把情报送了出去。

这就是逆向思维的妙处。有时候，它能使问题简单化，甚至因此而创造出奇迹来。想象一下，如果你是那个村民，你会怎么做呢？正常情况下，人们会思考：我该怎么冲出去，或是逃出去，或是偷偷溜出去……却忽略了解决这个问题最好的办法，就是佯装要进来。

走出死胡同

工作和生活中，我们经常会被一些问题所困扰。比如，产品就是卖不出去，客户就是不肯合作，孩子就是不肯听话等。常常试尽了各种方法也解决不了，好像走进了死胡同。这时，你为什么不试试把思维掉过头来呢？

科学家曾经做过一个实验：将几只蜜蜂和苍蝇一同装进一个开着口的玻璃瓶中，然后将瓶子放倒，瓶底朝着窗户。

结果，那几只蜜蜂始终在瓶底徘徊或冲撞，企图找到出口；而苍蝇则在瓶中到外乱飞。两分钟之内，所有的苍蝇都穿过另一端的瓶颈逃出了瓶子。

人和动物都一样，喜欢光线明亮的地方，所以蜜蜂不停地在这里寻找出口。而苍蝇却没有这种思维的定式，全然不顾亮光的吸引，四下乱飞，最终误打误撞，得以逃生。

苍蝇自然不懂得运用逆向思维，只是它们打破了常规，打破了正常的逻辑，在尝试了各种道路后，找到了正确的方向。

每个人的一生中都有过陷进死胡同的经历。有的人不知后退，继续前行；有的人心灰意冷，选择放弃；而只有转换思路和角度，运用了逆向思维的人，才能从死胡同里走出来。

有一个德国造纸工人在车间工作时，不小心弄错了配方，生产出了一批不能书写的废纸。厂长非常生气，要把他给解雇了。

工人正在愁眉不展的时候，他无意中发现这批纸的吸水性能非常好，可以快速吸干器具上的水分。于是，他说服了厂长，把这批纸命名为“吸水纸”，开始销售。结果，这批纸以非常快的速度一售而空。

因此，在面对解不开的死结，或走进死胡同时，一定要让自己的思维跳出来，从事物的不同方面、不同角度来分析研究新事物、解决新问题，转换思路，也许问题就迎刃而解了。

培养逆向思维的能力

逆向思维，听起来很抽象，实践起来也不那么容易。那么，我们该怎样培养逆向思维的能力呢？

当你遇到解不开的难题时，要有一种怀疑精神，因为一些习惯性的做法并不总是对的。经常问一下自己，这个观点真的正确吗？这种方法真的适合吗？打破习惯，反过来想一下，这是培养和运用逆向思维最基本的要求。

有时，你还可以变换角色，站在别人或对方的立场和角度来思考问题。比如，在向客户销售一样产品时，并不以产品的优势为出发点，而是从客户的真正需要出发，找到突破口。

还有一些小方法也可以帮助你培养自己的逆向思维。比如，你可以跟朋友或家人经常玩一些“说反话、做反事”的小游戏。即别人让你往东时，你必须往西；别人说一个错误的理论时，你却必须说“对”。这种小游戏会帮助你增强逆向思维的意识。

学无止境，经常给自己充充电

“活到老，学到老”这句话每个人都不陌生，但却没有几个人能做到。现代社会是科技高速发展的社会，是信息决定一切的社会，是知识多元化的社会。如果我们不随时随地学习新知识，给自己充电，那么就会与这个社会脱节。

当然，学习新知识并不一定要面面俱到。要想在某方面获得成功，有所建树，就必须先掌握好这方面的知识，以充分的准备去应战。

人生就要一步一个台阶

人生就像是走台阶，要一步一个脚印，不断地攀升。任何一个暂时的顶峰都是你努力的真正开始，如果停滞不前，那就是你失败的开始。

三兄弟被关进监狱，十分人性化的监狱长承诺他们每人可以提一个要求。老大爱抽烟，要了三箱雪茄。老二很懂浪漫，要一个美丽的女人相伴。而老三只要了一部与外界沟通的电话。

五年后，老大从监狱的大门走了出来，嘴里含着一根雪茄，身体看上去十分疲惫。接着走出来的是老二。只见他手里抱着一个小孩子，美丽女人手里牵着一个小孩子，肚子里还怀着第三个。

最后走出来的是老三，他紧紧握住监狱长的手说："这五年来我每天与外界联系，我的生意不但没有停顿，反而翻了一番。为了表示感谢，我送你一辆加长林肯！"

五年前的一个要求决定了三兄弟不同的未来。当然这五年来，老大、老二只是在享受，老三却始终在学习，始终在付出。可见，只有不断接触最新的信息，了解最新的趋势，掌握最新的技能，才能更好地创造自己的未来。

人生真的很短，时间总是过得匆匆。如果你停止不前，哪怕只有几个月或几天，都有可能远远地被别人甩在后面。

争取任何一次进修的机会

人有一辈都学不完的东西，学习的道路是没有尽头的。无论你到了什么样的高境界，总是可以更上一层楼。也许你已经身居高位了，也许你已经名利双收了，但如果有一个进修的机会，请你一定要珍惜它，因为它真的很重要。

谈到杨澜，中国人无不竖起大拇指。她毕业于北京外国语大学，获得了英美语言文学学士学位。在主持中央电视台《正大综艺》时，杨澜曾荣获中国第一届主持人"金话筒奖"。然而，就在这时，杨澜却做出了一个让大家都意想不到的决定——去美国攻读哥伦比亚大学国际传媒硕士学位。

很多人都在心里疑问，杨澜已经取得了成功，已经成为中国最著名的节目主持人，她完全可以在这一领域享受她的荣誉。但杨澜并没有停止前进的步伐，越是有功底的人越能体会到功底和学识的重要，越能产生在功底和学识上进一步提升自己的渴望。

几年后，当杨澜再一次出现在电视上时，她的形象发生了极大变化。很明显，她的境界提升了，她在自己的人生道路上又上了一个新的台阶。

2001年，她被评为海内外十位最有影响力的"中国妇女时代人物"。2002

年，她被评为“中国企业女性风云人物”。2003 年，杨澜成为中国人民政治协商会议第十届全国委员会委员。2005 年，杨澜开始主持针对中国都市女性观众的大型谈话节目《天下女人》。

杨澜用自己不断的努力，完善并提高着自己，才得以拥有一个又一个傲人的成绩。

知识每天都在更新，当我们体验着科技快感的同时，也会时刻感受到它所带来的压力。如果我们不继续学习，我们就无法获得生存的能力，更谈不到进取的能力，最终被社会所淘汰。

专注于自己的特长

学习是必需的，但决不能盲目。要知道，天下的知识是无穷的，是你学不完的，只有在你所擅长的那个行业，努力成为顶尖的人才，才能真正地出类拔萃、出人头地！

兔子天生就擅长跳跃，是跳远的能手。一天，森林举行运动会。兔子在跳远项目中顺利夺得了冠军。这时，一只小猫却很瞧不起兔子，对它说：“虽然你很能跳远，可是你永远只能得到这一块金牌！”

兔子听后非常沮丧，暗暗发誓一定要努力锻炼，练习其他运动项目。于是，它开始每天练习跑步、游泳、举重、跳高、铅球……

第二年，运动会又开始了，兔子报了很多项目。可结果，它的跑百米、游泳、举重、跳高、铅球，每一项的名次都是排在后面，就连以前最拿手的跳远，也只拿了个第 7 名。

的确，人不可能在每方面都出人头地。只有专注于自己的特长，并在此领域拥有着别人无法匹敌的优势，才能有所成就。

仔细地分析一下你所从事的行业对所需人才有什么样的标准和要求，比如学历、经验、专业背景等。然后找出自己具备哪方面的优势和劣势，调整自己的目标和学习方向，才能在人才济济的社会中脱颖而出。

给自己创造机会

相信有很多人都把“机遇”看成是一种幸运，只有运气好的人才能得到。然而，命运其实是非常公平的，它会让每个人都拥有过机会。只不过，在机会来临时，有的人没有抓住；只不过，在机会还未到来时，有的人不懂得创造。

机会不只需要等待，还需要我们努力去创造。在某一段时间里，机遇也许只会降临一次，也许会降临无数次，但是只提供给那些善于发现和创造它的人。对奋斗的懒惰、对失败的恐惧、对现实的屈服，使得许多人与机会擦肩而过，因此也就与成功无缘。

成功者创造机会

愚者错失机会，智者善抓机会，而成功者创造机会。成功人士，都是创造机会、利用机会的高手。当其他人在原地踏步时，他们早已顺着机会的急流而下，成就了自己的事业。

一个日本青年是一家牙刷公司的小职员。作为一个小职员，他非常努力，每天夜里加班到很晚，学习业务和新知识。

可是他对自己公司生产的牙刷很不满意，因为用它刷牙总是会发生牙龈出血的现象。一天，他实在忍不住了，决定找技术部门的领导抱怨一番。然而当他走进公司大门时，忽然看到墙上的一句话：当你遇有不满情绪时，要认识到正有无穷无尽的新天地等待你去开发！

青年的心情平静了下来，转而开始与同事们商议解决牙龈出血的好办法。他们提出了改变刷毛的质地、改造牙刷的造型、重新设计毛的排列等各种改进方案，经过论证后，逐一进行试验。试验中，青年发现了一个为他人所忽略的细节，那就是牙刷毛的顶部由于是用机器切割，因此都呈锐利的直角。

青年心想，如果有一道工序可以把这些锐角都锉成圆角，那么问题就解决了！他把想法告诉给了同事们。

经过多次实验，他的这个想法终于成功了。改进后的牙刷很快受到了消费者的欢迎，而这个青年也被晋升为科长。

他就是狮王牙刷公司的董事长加藤信三。

事实上，机会面前人人平等，关键是你能否懂得创造机会，并将它变为通向成功的铺路石。生活的法则就是这样，有能力的人会抓住机会；更有能力的人给自己创造机会，甚至给别人创造机会。

机遇只会青睐有准备的人

机会的降临固然是难得的，但如果机遇来了，却没有能力把握它，那才是真正的遗憾。因此，在机遇没有来临时，做好充分的准备，才是智者的选择。

董思阳这个名字对于80后的年轻一代来说，可谓是杰出的代表。一个女孩儿21岁就能当上总裁，凭借的就是积极的准备和把握机遇的能力。

一开始，在新加坡求学的董思阳只是利用业余时间在学校经营自己仅有两平米的小店，卖各种小饰品。后来，她发现中国内地的货源充足，价格更便宜，于是亲自到浙江义乌购买新加坡罕见的小饰品。

后来，董思阳所在的学校离市中心较远，没有卖当地人爱吃的“海南鸡饭”。她觉得这是个新商机，于是主动说服商家为学校送货，自己赚取差价。

2007年，董思阳来到上海，注册了上海喜客多连锁餐饮有限公司，想要创立中国第一家有机餐厅。当时，中国人对有机产品并不是太了解，消费人群中有70%不相信，30%试试看。然而，董思阳并不急于求成，而是以宣传教育为主。

经必胜客的中国总裁指点，董思阳最终制作了两份菜单，既有茶餐厅基本菜单，也有有机的特色菜。同时，她在店内的墙上设计了大量有机食品的知识。渐渐的，来到餐厅的大部分人都选择了有机菜。

一直发展到今天，董思阳踏实地、充分地做好了准备，在每一次机遇降临时，都紧紧把握住，成就了事业的辉煌。

其实，机遇对任何人都是平等、公正的。就看谁抓得准、用得好。具体一些，就是通过丰富的知识和经验的积累，对公众需求和心理分析研究得更细一些、更深入一些，把握得更准一些，而且常需要对特定情境周围的分析研究联系起来。要知道，成功者并非有天生的把握机遇的能力，他们只不过是在平时多留心、多观察、多思考而已。

抓住机遇，就要快速出击

拿破仑曾经告诫人们：当机会来临时，一定要快刀斩乱麻。

在机会面前，犹豫不决就是平庸者共有的心态。他们缺少的就是主动接受挑战的精神，当机会忽然来临时，反而心生犹豫，不知该不该接受。最终，在患得患失的时候，机会擦肩而过了。

有三个青年同在一家公司工作。第一个青年总是抱怨自己怀才不遇，觉得自己满腔抱负没有得到上级的赏识。他经常想：如果有一天能见到老板，有机会展示一下自己的才干就好了！

第二个青年也想展示自己的才干，他更进一步，去打听老板上下班的时间，算好他进电梯的时间。然后，他也在这个时候去坐电梯，希望能遇到老板，有机会跟他打个招呼。

与此同时，第三个青年先是对老板的奋斗经历以及脾气性格进行了详细了解后，精心设计了几句简单却有分量的开场白。然后，他也在电梯里“无意”遇见了老总几次。最后，他觉得老板对自己已经有些印象了，主动找老板长谈了一次，不久就争取到了晋升的机会。

机会是稍纵即逝的，它不会主动地找到你。只有我们自己行动起来，快速出击，才能“有幸”成功。

善于客观地总结经验

很多人在失败以后，总会有这种心态，沉陷于后悔之中：“如果当初我不这样就好了”。然而，这种无可奈何的叹息根本解决不了任何问题。此时，为什么不能对失败原因进行分析和总结，从经验教训中找到如何摆脱困境、如何从失败中奋起、如何解决自己面临的问题的方法来，让下一次可以成功呢？

人生就是一场实验

人生就像是一场实验，每个人都可以做不正确的事情，只要懂得在失败后总结经验。美国通用电气公司董事长韦尔奇说过，“我在担任这项工作的18年中，犯的错误大概比美国的任何人犯的都多。”

1879年，爱迪生和他的助手终于让一个玻璃容器发光了。当时，人们并不相信，这个世界上，居然可以有电灯。在爱迪生工作的曼勒公园里聚集了好多人，都围在电灯的周围欣赏这耀眼的灯光。时间一小时一小时地过去了，这盏灯一直亮了45个小时。

爱迪生获得了小小的成功，他承诺：“一旦它能持续45个小时，我就能让它持续100个小时。”于是，他开始寻找灯丝的材料，不厌其烦地尝试。

几个月后，爱迪生从所有实验失败的材料中总结经验，终于找到了可以让灯泡发光更持久的材料。由此，他一发而不可收，发明、改进了1300多种事物，比如电话听筒、留声机、电影摄影机、碱性电池等。

做任何事都不怕失败，因为生命的过程本身就是在不断地尝试。只要你能在实践中探索着前行。

总结经验，不再失败

毛泽东曾经说过：“我们是靠总结经验吃饭的。以前我们人民解放军打仗，在每个战役后，总来一次总结，吸取过去正反两方面的经验。发扬优点，克服缺点，然后轻装上阵，继续前进，从一个胜利走向另一个胜利，终于建立了中华人民共和国。”

的确，毛泽东之所以智慧出众、胆识超群，不仅是因为他个人具有突出的聪明才智和品质，更重要的是他找到了获得智慧的正确方法。那就是对失败总结经验教训，绝不再犯第二次错误。

夏朝时，有扈氏率兵入侵中原。夏禹派他的儿子伯启率兵抵抗，结果战败了。伯启的部下非常不服气，提议第二次进攻。可是伯启却阻止：“不必着急。虽然我的兵比他多，土地也比他大，却被他打败了，这说明我的德行和能力都不如他，更不会带兵。从现在开始，我会弥补这些不足。等到做好了这些，才是再次攻打有扈氏的时候。”

自此，伯启每天很早便起床学习和工作，并重用有才干的人。一年后，有扈氏听说伯启的修为，不但不敢再来侵犯，反而自动归降了。

可见，善于总结经验，是事业成功的基石。也只有不断总结经验，才会有所发现，有所发明，有所创造，有所进步。遇到失败或挫折时，如果能像伯启一样，虚心地检讨自己，弥补自己的劣势，那么有什么道理不能成功呢？

人生本来就是一个实践、认识、再实践、再认识循环往复的过程，总结经验教训是这个环节不可或缺的一个环节。打一仗、进一步，吃一堑、长一智，避免重犯过去的错误，这是一个成功者必备的素质。